三浦半島フィールドノート

野歩き・海遊びのススメ

園田 幸朗

清水弘文堂書房

目次

編集　渡辺　工
装丁　佐藤のぞみ

三浦半島フィールドノート

野歩き・海遊びのススメ

園田幸朗

三浦半島を彩る桜いろいろ

1

私の記憶では三浦半島の桜の見頃は4月上旬だけれど、数年前のように3月中に咲き終えてしまったり4月20日頃まで咲いている年があったりで開花予想はなかなか難しい。

半島に咲く桜は主なものだけで5種類。まず3月中旬見頃になるのが寒緋桜《カンヒザクラ》。花は濃いピンクで下を向いて咲く。逗子市の桜山中央公園に数本あるほか各地に植えられている。以前は緋寒桜《ヒカンザクラ》と呼ばれていたが「彼岸桜」と間違えやすいので「寒緋桜」になった。沖縄にも多くて1〜2月に花見ができる。3月下旬から開花する大島桜《オオシマザクラ》は白い大型の花をつける。伸び始めた緑色の若葉と一緒に咲くので華やかではないが、古くから三浦半島の里山に薪炭材として植えられてきた種類で横須賀市の木になっている。葉は香りがよくて桜餅を包むのに使われている。同じ頃、赤褐色の若葉とともに咲く山桜《ヤマザクラ》は白に近いピンクで花はやや小型。日本の国花であり鎌倉市の木でもある。オオシマザクラとともに里山によく植えられた。山林が開発されて桜も減っているが姥桜は増えているらしい。

花見の主役は染井吉野《ソメイヨシノ》。葉が伸びる前にピンクの花が枝を包みこむ華

オオシマザクラ

やかさが身上で衣笠公園や葉山の仙元山などが名所になっている。江戸時代に東京の染井あたりで作り出されたとか発見されたとか言われているがはっきりしない。この桜はもっぱら挿し木で殖やされているので、世界中に植えられているソメイヨシノはすべて1本の元木の分身でコピーなのだそうだ。いずれにしても江戸時代以前にはなかった品種だから古い絵巻物などに描かれた桜はヤマザクラかオオシマザクラだったはず。三浦一族もソメイヨシノを見たことはなかったわけだ。

4月中旬、八重桜《ヤエザクラ》が咲き始める。いろいろな品種がありその多くはサトザクラの改良種だとされている。逗子市の池子運動公園は見所の一つ。他の公園にもよく植えられている。葉山町天然記念物の枝垂桜《シダレザクラ》は有名だが老木のせいか以前より勢いがないようだ。

豪華なソメイヨシノもいいが山の中にひっそりと咲いているヤマザクラも捨て難い。神武寺から鷹取山へ向かう山道で見た1株は枝ぶりも花と葉の調和も素晴らしくて一幅の絵のようだった。それにしても身近なところでこんなにいろいろな桜を楽しめるのは幸せなことだと思う。

2 ツクシは本当にスギナの子供？

3月になると土手や空き地に土筆《ツクシ》が生え始める。今やトレイに入ってスーパーに並んだりもするツクシだが半島各地で現在も摘むことができる。いちばん多いのは3月下旬頃だ。

「土筆」とはうまい表現だ。数cmから、時には30cmにも伸びる茎の先端は筆の穂先のようで六角形の集合体でできている。成熟すると六角形の間隔が開いて緑色の胞子を出し、穂に触れると胞子が煙のように飛び散るのがわかる。ツクシは繁殖のために特殊化した葉で胞子葉と呼ばれ茎に付いている袴も葉の一部が変化したものだ。

ツクシが生える場所には杉菜《スギナ》が生える。両者は土の中で繋がっていて、長い地下茎の節目からツクシが生まれてくるので少し掘ってみればその様子がわかるだろう。スギナは杉の葉に似た形で主軸の節目から細い葉が輪生している。春から秋まで光を浴びて養分を作り続けるのがスギナの役目で、そのような葉を栄養葉という。つまりこの植物にはスギナと呼ばれる栄養葉とツクシと呼ばれる胞子葉があるのだ。ツクシは胞子を出せば役目を終えるのでまもなく腐ってしまい、その後にスギナが茂ることになる。ツクシがスギナになることはない。こ

ツクシ

う考えるとこの植物の本体はスギナのほうだから植物名はスギナ。シダ類なので花はなく種子ができることもない。ツクシは荒れ地にもよく生えるけれど、そこに背の高い植物が入ってくると光を奪われて生きていけなくなる。しかしその頃には飛び散った胞子がどこかに新しい生活の場を見つけている。

毎年どこかでツクシを摘んできて春を味わうのが我が家の楽しみだ。袴を取り除いて3分ほどゆでてからよく洗って緑色の胞子を流し去る。これが十分でないと苦味が残る。次に、鍋に油をうすく敷いて軽く炒めた後、醤油、砂糖、味醂を加えて好みの味になるまで煮詰めれば出来上がりだ。この他にもてんぷらや卵とじなどいろいろな食べ方がある。それにしても袴取りが大変で、子供たちと4人で食べていた頃は受益者負担の考え方から各自が袴取りをした本数だけ食べてよいことになっていた。

同じシダ類のゼンマイクサソテツ（コゴミ）なども栄養葉と胞子葉を持っている。

3 大楠山から眺めてみれば

大楠山は三浦半島の最高峰で海抜約242m、山頂からはぐるり360度の展望を楽しむことができる。四季折々に山肌の色も違い、花も、感じる風も違うから年間数回は行ってみたい場所だ。登山口は4か所あり大楠芦名口からは3km。山頂下まで車でも行ける。

今は春の盛り。まもなく山肌は桜色に染まる。山に多い桜は若葉が赤茶色のヤマザクラと若葉が緑色のオオシマザクラ。山頂のすぐ近くや菜の花が咲く山頂下の広場にも咲いており、葉の色あいで遠くからでも見分けられる。これらの桜は昔、薪炭材料として植えられたもので今では放置状態だ。山頂付近にはピンクの花が目立つソメイヨシノもある。

山頂の展望台は老朽化のため現在閉鎖中だが茶店の屋上へは出られるので四方を眺めてみよう。地図と見比べればなおよくわかる。東は東京湾。その向こうに房総半島の鋸山、富山から州崎までの山々が南東の方角に連なっている。その手前は武山丘陵、その右側は三浦半島の南部で左端に突き出た剣崎から三浦の台地が広がり、西側から大きく入り込んだ小田和湾の奥の長井あたりが真南になる。半島の西側を

三浦市高円坊から望む大楠山南面

見ると相模湾に沿って城ヶ島から油壷、小網代、三戸浜、長浜、荒崎方面が見え、小田和湾の手前右は芦名から佐島あたり。空気が澄んでいれば海の向こうに伊豆半島、伊豆半島から箱根、富士、丹沢、さらに奥多摩秩父の山並みを見渡せる。箱根でいちばん高く見える駒ヶ岳と神山方向が西で、富士山はその少し北よりにある。直線距離で約80㎞だ。手前には子安から峯山、葉山町の三ヶ岡山（大峰山）が連なり、その先に逗子マリーナ、七里ケ浜、腰越から江ノ島方面が見える。北西から北にかけては眼下に広がるゴルフ場。これだけの面積が会員に専用されているわけだ。その向こう側には葉山町の仙元山から畠山へ続く山並み、その奥に二子山が見える。遠くにはランドマークタワーやみなとみらいのビル群、気象状況によっては新宿副都心の建物が見えることもある。ここから筑波山を見たという人もいた。東よりには横横道路の一部と八景島、横須賀市街と猿島が見えて東の小原台方面に至る。

半島の自然環境や土地利用の現状、北の空を覆うスモッグなど、見渡して考えさせられることは多い。行ってみてください。

浦島草《ウラシマソウ》をご存知ですか、と問えば「あの気持ち悪い花ですね」「蛇が鎌首を持ち上げたような」とすぐに答えられる方もいるはず。三浦半島の山道ではよく目にする植物だ。地下に球根があって4月頃苞《ホウ》に包まれた1本の芽を出し、やがてそれが葉になる茎と花茎のペアだということがわかる。茎が40cmほどに伸びると折り畳まれていた葉が傘のように開き、同時に花茎の先も上部が開いて確かに蛇の頭を思わせる形になる。その様子から「虫を食べるんですか」と聞く人はいるがそういうことはない。

その〝蛇の頭〟の部分は仏像の後ろにある火焔型の飾りを思わせるので佛焔苞《ブッエンホウ》という。苞は前で閉じ合わされていて、左右に開いてみると中には1本の軸つまり茎の続きがあり、粒状の物がたくさんついている。その一つひとつが花で紫色の粒なら雄花、緑色の丸い粒が密集していれば雌花。時には両方ついていることもある。さらに注意してみると、大きく逞しく育った株には雌花がついていることが多い。雌雄どちらになるかは栄養条件で決まるそうだ。体が立派にできているほうが雌の役をするということはよい子孫を残すために理に適ってい

4 山路に釣糸を垂れる浦島草

る。花をつけた軸は長く伸びて垂れ、その様子が浦島太郎の釣竿と糸に似ているので名がついた。

　ウラシマソウより遅れて蝮草《マムシグサ》が咲く。といっても花は仏焔苞の中に入っているから外からは見えない。前者との違いは苞が緑白色を帯び、花の軸先はバットの形で苞の中にあること、葉が1本の茎の上部、花のすぐ下で左右に出ていることだ。両者ともに実になった雌花は晩秋の頃赤い粒の塊になって茎の先につき、かなり目を引くようになる。マムシグサの名は茎にマムシのような模様があることに因る。三浦半島ではウラシマソウよりずっと少ない。このような造りの花はサトイモ科植物の特徴で、もうお気づきのように、ミズバショウ、カラー、アンスリウム、畑雑草のカラスビシャクなども佛焔苞を持つ同じ仲間だ。

　栽培されているコンニャクは4月頃地下のコンニャク玉から花芽を出してその先に紫に仏焔苞と花軸が付く。高さ1mにもなるので立派だが悪臭がある。葉が伸びてくるのはその後だ。サトイモの花はなかなか見られないが咲くのは夏で黄色の佛焔苞と花軸が美しい。

ウラシマソウ

5

引潮満潮潮時は何時?

3月に入ると海岸も暖かくなって、そろそろ磯に出てみようかという気持ちになってくる。でもいろいろな動物や海藻と出会うためには潮がよく引いたときに行かないと意味がない。新聞には引き潮の時刻が載っているが、潮の干満にはいろいろな条件が絡んでいる。磯へ行く潮時を知るためには、せめて次のことを知っていてほしい。

潮汐《ちょうせき》(潮の満干)は太陽と月の引力で起き、引力を強く受けた地域では海水が盛り上がって満潮になり、そうでない場所では海水が運び去られた結果海面が下がって干潮になる。ところが実際の様子を観測すると話はそう簡単ではない。まず月の位置が問題で、月が太陽と同じ方向に来る新月(旧暦1日)と地球をはさんで反対側に来る満月(旧暦15日)の前後は潮の満干が大きくなり(大潮)、太陽と月が直角方向になる半月(上弦と下弦)の頃は太陽と月の引力が妨げ合うために干満の差は小さくなる(小潮)。また太陽も月も空を通っていく高さ(南中高度)が冬と夏とは違うため、季節によって潮の引き方が違ってくる。さらに、海水の移動には時間がかかるので、月が真上にあるときその下の月と向かい合った海は潮が引いていて数時間遅れて満潮にな

佃嵐（荒崎の近く）の干潮

ることも多い。湾の奥では遅れがさらに大きくなる。だから釣具店に売っている潮時表には、逗子ではマイナス10分（繰り上げ）横須賀はプラス15分（干満が遅れる）など各地の補正値が記されている。そして1日に約2回ある干満は2回とも同じ程度とは限らず片方がずっと大きい場合もある。

三浦半島の場合をまとめてみると、4月から8月までの大潮の日は昼間の引き潮が大きくて10月から2月までは夜潮がよく引き、3月と9月は昼夜ともあまり差がない。月の出入りが1日約50分遅れるので、干満も同様に遅れて現れる。低気圧や南風（相模湾側）の日は引き方が小さくなる。したがって磯遊びのチャンスは3～8月の大潮の日だ。1年間の干満予想値は潮時表に出ている。表にある潮高はその時刻の海面の高さをcmで示しているので私は潮高30以下の時、磯へ行くことにしている。

干潮の時刻は潮がいちばん引いて上げ始める時刻だからそのとき行ってももう遅い。2時間前には海に着いていてほしい。どうぞ磯をお楽しみください。

6

紫の汁で身を守るアメフラシ

春の磯にはたくさんの動物や海藻が見られる。その中で多くの人が関心を示す動物に、茶色か紫色でナメクジを太く大きくしたようなアメフラシがある。数あるアメフラシの中でも特に大きい種類で15㎝を越すものもあり、頭には二対の突起があって岩の上を這いながら海藻を食べている。背中で両側から合わせる襞《ひだ》の内側に鰓《えら》があって、刺激すると赤紫色の液体を放出する。それは血ではなくてタコやイカの墨と同様、体内に蓄えられていた物質だ。この液は敵を威嚇し身を隠す効果があると考えられ、他の動物を弱らせる毒成分を含んでいるそうだ。といっても人間には影響しないのでどんどん触ってほしい。「雨降らし」の名は放出された液が海中へ雨曇のように広がっていく様子からついたとされるが、「いじめると雨が降る」という言い伝えによるとも言われる。これは動物をいじめないようにという昔の人の知恵なのだろう。三崎あたりでは、ウミネコと呼ぶそうだ。

アメフラシは早春から磯に現れて岩にラーメンのような卵の紐を産みつける。よく見ると紐の中にたくさんの粒が見え、その一つひとつが十数個の卵を入れたケースなので、一つの卵塊からは実に数千匹

交接するアメフラシ

の子が生まれることになる。貝殻がないようにみえるアメフラシも体の中に楕円形のうすい貝殻を持っており、背中の襞の奥を触ってみると殻の形が感じられるだろう。見掛けは違ってもアメフラシが貝の一種だということは、卵から出た幼生が巻き貝と同じ殻を持っていることからもわかる。幼生は生まれてしばらくの間海中を漂いながらプランクトン生活をした後、変態して親の姿に変わり磯で生活するようになる。産卵のあとは死んでしまうらしく夏以後に見ることはほとんどない。アメフラシは雌雄同体なのでどの1匹も雌雄両方の働きができる。それならば自分の精子で自分の卵を受精させられそうだがそれをしないのは近親結婚を避ける仕組みなのだろう。2匹、時には4〜5匹がつながっているのは互いに別の個体に精子を送り込んでいるところで、全員がたいへんまじめな顔をしてやっているところがおもしろい。もっとも彼らが笑ったところは見たことがないけれど。

葉山の芝崎あたりに多いタツナミガイも同じ仲間で茶蕎麦のような卵の紐を産む。

7 自然を記録してみよう

美しい景色や可憐な野の花は見ているだけでも心が和む。動物の場合はさらに行動のおもしろさも加わって興味がつきない。そんな楽しみをさらに定着させ多くの人と共有し合うには、自分が見たものを客観的にしっかり記録するのがよい。その方法はいくつもある。

手っ取り早いのは写真撮影。デジカメならうまく撮れたか、その場で確認できる。失敗作は消せばいいから、とにかくたくさん撮ってみることだ。しかし野の花や昆虫は小さいので、撮るときにはよく見えていたつもりが写真の中では点のようではっきりわからないということが起きる。花や虫が画面の最低8分の1くらいの面積になるようにしたいから接写が必要だ。被写体に10～20㎝まで近寄ってもピントが合うカメラを使ってほしい。記録としては最低限まわりの環境を写し込んだ写真とその生物だけのアップを撮っておきたい。

ビデオの場合は連続した動きを記録できるので動物を撮ってみたい。接写はかなりできるはずだからカメラを近づけてみよう。鳥の場合は望遠（ズームアップした）状態で撮ることになると思うが、そうなると手ブレが目立つのでぜひ三脚を使いたい。よい被写体に出会っ

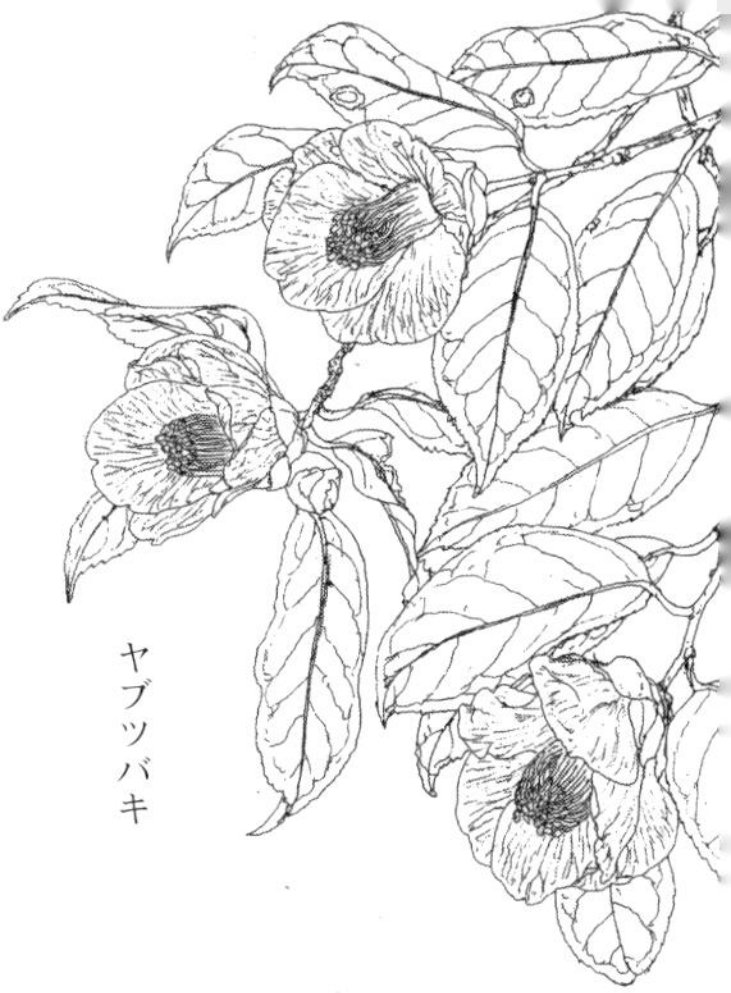
ヤブツバキ

たら撮り溜めておけばそのままでも記録としての価値があり、編集して作品にすれば多くの人に見てもらうこともできるだろう。パソコンを使えばかなり高度な編集ができるので、やってみたい方はその方面の本を読んだり、詳しい人に聞いてほしい。いずれにしても撮影中はカメラを極力動かさないで、ブレのない映像を1回10秒以上撮ることだ。

観察スケッチは対象を正確に見て頭に入れる最良の方法だ。絵画とは目的が違うから、いわゆる絵心とは関係なくひたすら正確に詳しく描写すればよい。根気が要る作業だけれど熱意さえ続けば誰にでも、それなりの記録はできるはずだ。絵の仕上がりが不満足でも、やっただけのことはしっかりと身についた知識になる。私は鉛筆で下書きしてイラストペンで清書して透明水彩で塗っている。本書のイラスト原画は彩色済みでB5〜A4の大きさだが、掲載スペースでは細部を表現できないのはいたしかたないが、残念にも思う。

このほか文章や粘土細工（陶芸）も表現、記録の手段になる。あなたもやってみませんか。

8 野山でできる苺狩り

津久井浜の奥、武山丘陵の麓に広がるハウスで苺狩りを楽しんだ方もあるだろう。早春からゴールデンウィークまで、定額で食べ放題。でも時間制限があるので長い間落ち着いてはいられない。その苺の和名はオランダイチゴ。オランダは西欧というほどの意味だろう。

三浦半島の野山には数種類の苺があって、それぞれの時期に見つければ野生の味を楽しむことができる。生えている場所は山道の脇や農道の土手などだ。

季節の順ではまず紅葉苺《モミジイチゴ》。名のようにカエデに似た切れ込みのある葉を付けている。茎は細長くて棘がたくさんあるから枝を折るのは難しい。モミジイチゴは落葉する木で春先に芽吹き、若葉とともに下向きの白い花が開く。花の後、実が大きくなって4月には橙赤色に熟し甘酸っぱい味で食べられる。別名の黄苺は実の色によるものだろう。

4月頃林の緑の草むらに白い5弁花を見せる草苺《クサイチゴ》は、草のように見えてもしっかりした蔓《ツル》状の茎を持つ低木で、果実は球形に近く赤く熟しておいしく食べられる。

木苺というと草ではなく「木にできる苺」の意味になり、前記の二

ナワシロイチゴ

種類も含まれるが、ふつうは梶苺《カジイチゴ》を指す。大きな楓あるいは小さなヤツデのような葉で、4月頃長く伸びた枝に白い五弁花が並ぶ。花の中心部はすでに苺の原形のような形で、それが大きくなると小さな粒の塊になる。緑色から橙赤色に変わっていれば完熟品で食べ頃だ。でも手が届くところはたいてい誰かの口に入ったあとになっている。食べたければ秘密の場所を見つけるか、予約済みの札でも掛けたほうがよさそうだ。カジイチゴは初めは植えられたのかもしれないが、現在では各地で野生のような状態をみることができる。

初夏の頃開花する苗代苺《ナワシロイチゴ》は三つに分かれた葉で半蔓性の茎に細かい棘がある。花はピンク色だが花弁が小さいため咲いていても気がつきにくい。それでも7月にはしっかりと赤い粒々の実ができて、季節の味を楽しむことができる。

蛇苺《ヘビイチゴ》は真っ赤で毒がありそうに見えるが実際は無毒。私の観察会でも参加者によく試食してもらうけれど、食べておいしいという人はいない。まあ一度お試しあれ。

9 水ぬるむ磯の生物たち

三浦半島にはたくさんの磯がある。剣崎から毘沙門、城ヶ島、諸磯、三戸浜、黒崎、荒崎、天神ヶ島、久留和、長者ヶ崎、小磯、柴崎、浪子不動下、小坪……と相模湾側に集中しているが、東京湾側の観音崎や猿島もおもしろい。とにかく行ってみよう。

といっても磯の動物や海藻を観察するなら潮がよく引いていなければ駄目だ。潮の干満は計算で予測され、釣り道具店にある潮時表に載っている。三浦半島では最大の潮差（海面の上下幅）は2mあまり。潮差は日により季節によって異なり、簡単に言うと新月と満月の頃大きく（大潮）半月の頃は小さい（小潮）。満潮も干潮も1日約2回あって、その時刻は月の出入りに従って毎日平均約50分ずつ遅れていく。3月から9月までは大潮の日の正午前後に大きく引き夜間の干潮は小さい。10月から翌年2月頃までは昼間の干潮が小さく観察には不適当だ。潮時表の干潮時刻は潮が引き終えて上げ始める時刻だからその2時間前には海に着いていたい。履き物は踝《くるぶし》まで覆われる古いスニーカーか深い長靴。ゾウリやサンダルは滑りやすくて危険だ。海で地震を感じたらすぐ高いところに避難すること。

イシガニ

ベニツケガニ

磯に出たらあまり動き回らないでまず足元の潮だまり（タイドプール）をじっと観察してみよう。何か動いていないか。たぶんヤドカリや小さな蟹《かに》、ハゼ、蝦《えび》などが見つかるだろう。魚や貝の肉片を落とすと奪い合いが始まるので、さらにいろいろな行動が見られるはずだ。

岩の表面も注意してみよう。フジツボやカメノテのように体を岩に固着させて一生同じ場所で過ごす〝動物〟から岩をはい回る巻き貝や笠貝の類、背中に8枚の殻が並ぶヒザラガイ、自分で岩に穴をあけてその中で暮らすイシマテなどの穿孔貝まで多種多様だ。人と同じように、磯にも穴があったら入りたい動物はたくさんいる。穴の中は外より安全だから。

岩の下にはヒトデやウニ、時には数cmの美しいウミウシにも出会う。刺激すると紫色の汁を放出するアメフラシは春、産卵のために磯に来てラーメンのような卵の紐を産む。岩を起こすと多くの動物を見られるがそのままでは岩に付いた動物が死んでしまう。観察後は必ず元の向きに戻しておいてほしい。今年のゴールデンウィークは後半の午前中が観察によいだろう。

10 花は咲かない海藻の生活

三浦半島では200種以上の海藻が記録されており、葉山しおさい博物館にもその一部が展示されている。50年前、私が大学生のとき、長者ヶ崎の海藻を調査して1年間の消長を記録したことがあった。その中には現在は見ることのない種類がいくつもあって磯を取り巻く環境の変化が感じられる。とは言っても磯にはたくさんの海藻が生え、海岸にも打ち上げられている。しかしその種類や生態を知る人が少ないのは残念だ。

海藻は陸上植物よりも原始的な体を持ち、シダやコケと同じように胞子で殖える。形は千変万化、枝葉や茎のような部分を持つものや平たい葉状のものから紐状、袋状、網目状などいろいろで、中には岩に張り付いている種類もある。アラメやカジメの根はしっかり岩に付いているが体全体が水中にあるので、水や肥料成分は直接体表面から吸収する。だから根は付着できればよいので貝殻や亀の甲羅に生えることもある。

海藻も葉緑素を持っているが、そのほかに赤や茶色の色素が含まれていて体色はバラエティに富んでおり、緑（緑藻）、茶色（褐藻）、赤（紅

アラメ

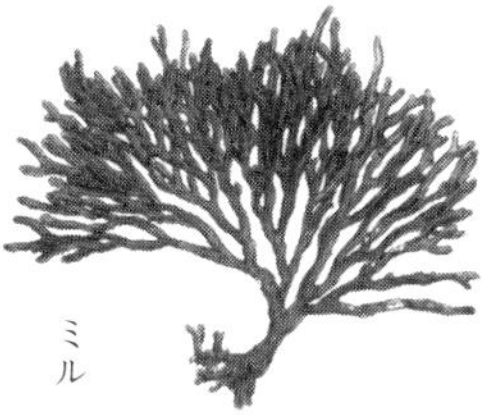

ミル

藻）に分類されている。アオノリやアオサ、ワカメやヒジキ、テングサやアサクサノリがそれぞれの代表だ。ただ、海藻の分け方は色だけでなく胞子の様子や生活史（どんな一生を送り、どのように殖えるか）なども考慮して決められるので、見かけだけでは種類が断定できない場合がある。名を知るにはよく知っている人と同行して実物で教えてもらうのがよい。手触りや時には匂いが種類判別の手掛かりになるから図鑑だけではわかりにくいと思う。

ワカメは早春から、ヒジキは初夏に、テングサ（マクサ）は春から夏にかけて生殖する。ワカメは根元の襞《ひだ》（雌株）、ヒジキは中心軸についた小さな俵型の部分から、テングサは細かい枝の先から胞子を出す。緑藻と褐藻の胞子は泳ぐことができる。

アラメ、カジメ、テングサなど1年中見られる種類もあり、ハバノリやワカメのように冬から春の間だけ見られるものもある。オゴノリに胞子の袋ができれば磯は夏になる。年間でいちばん多くの海藻が見られるのは4～5月頃だ。

11 海藻標本を作りませんか

形も色も陸上植物よりずっと変化に富む海藻はさく葉標本（押し葉）にしても美しい。緑、茶色、赤などの特有の色は標本にしてもほとんどそのまま残すことができる。しかし塩分を含み粘り気を持っているので、陸上植物の押し葉作りとは違う注意が必要だ。では作り方をご紹介しよう。

海藻は潮が引いたとき磯で集めるか、海が荒れた日の翌日に海岸で拾うと深いところに生える種類も手に入る。断片でなく完全な形のものを選ぼう。白いのは枯れて脱色したものだ。

持ち帰るときは水に入れないで海藻をあまり押しつけないように注意する。高温は禁物だ。家に着いたらまず真水に浸けて塩抜きをする。水を流しながら、柔らかな海藻は10分、硬いものでは30分くらい。いずれにしても色が変わり始めたら浸け過ぎなので、やってみて会得してほしい。塩分が残っているとなかなか乾かないで黴が生えてしまう。

台紙は水に入れてもほぐれない厚手の紙を使う。A4かB4ケント紙などがよいだろう。

広くて浅い容器（洗面器や写真現像用バットなど）に水を張り、う

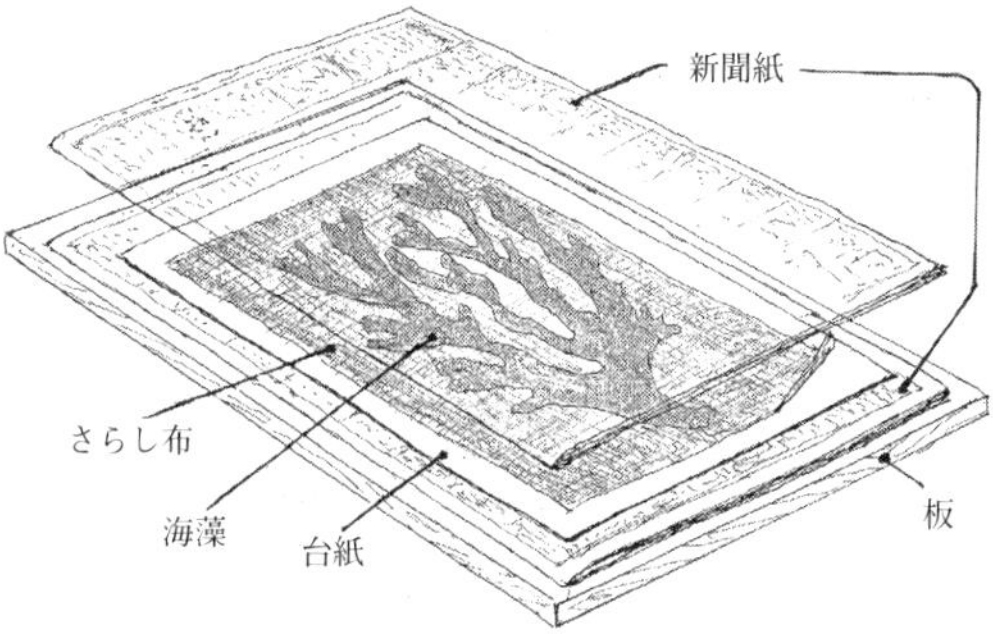

海藻の押し葉を作る

すい板か硬い下敷きなどを水中に斜めに入れ、その板に台紙を載せる（台紙が水中に入るように）。その上に塩抜きが済んだ海藻を乗せて水の中で形を整える。指でさばくとよい。重なり合う枝は摘み取ったほうがよい。そして全体の形を崩さないように台紙ごとしずかに引き上げて吸取り紙（新聞紙など）に載せる。その上に紙を載せると海藻の粘液で張り付いてしまうので、さらし布を掛ける。こうして新聞紙、台紙、海藻、さらし布の順に重ねていき、いちばん上に板を載せて本などの重しを置く。その後は1日に1～2回新聞紙を取り替える（布はつけたまま）と数日で台紙も海藻も乾くから布をはがすと出来上がり。ラベルに種類名、採集地、年月日、採集者を書いて台紙に貼っておこう。種類名は図鑑で調べるか詳しい人に標本を見てもらって確認する。色と形がよいものは額に入れて飾っても楽しめる。

　ミル、アオサ、ワカメ、ウミウチワ、マクサ（天草）、トサカノリ、ユカリなどはきれいに仕上がるのでお勧め。アラメ、カジメ、ヒジキなど、変色して汚くなる種類もある。

12 〝春の妖精〟二輪草

4月頃、湿った道端や川沿いに咲く二輪草《ニリンソウ》をご存知だろうか。三浦半島では大楠山の山頂下や森戸川沿いなどにかなり残っていてその可憐な花を見ることができる。冬の間は何も見えないのに春になると突然葉が広がり始め1か月もしないうちに花が咲く。多年草で毎年同じ場所に生えるから注意して見ているとその成長の速さに驚かされる。根元にある葉の間から1本の茎を伸ばしてその上に深く裂けた3枚の葉を付け、葉の付け根から2個の蕾を出すことで名がついた。花弁のない花で5~7枚の白い萼《がく》が花弁のように見える。二輪が同時に咲いていることはあまりなくてふつう一輪が咲き終える頃もう一輪が咲く。

「俺とお前はいつでも二輪草……」という歌があるけれど、調べてみると同時に三つの蕾をつけている株もかなりあって、そういうのは俺とお前では済まないから「フリンソウ」と言うそうだ。三輪草というのもあるがニリンソウとは葉の形が違う別の種類。花が終わって初夏になる頃には全体が枯れて地上から姿を消しニリンソウは翌年の春まで長い休眠に入る。1年の生活をほんの2~3か月で終えてしまうのだ。

ニリンソウ

このような植物は片栗《カタクリ》や福寿草《フクジュソウ》などいろいろあって、英語では「スプリングエフェメラル（春のはかなき者）」、日本では「春の妖精」と呼ばれている。雑木林の下に生えて、木々が若葉を広げる前にやるべきことはやってしまうという特異な生活スタイルは、長年の生存競争の中から生まれた生き方なのだろう。

三浦半島に多い姫烏頭《ヒメウズ》もその一つで、2月から咲き始める。葉の形や直径5㎜ほどの白い花をよく見るとオダマキに似ており地下に塊根がある。この根が烏頭《ウズ》（トリカブトの根）に似て小さいことから名がついた。この花も初夏までには姿を消してしまう。

多年草の中にはヒガンバナのように夏眠してから秋を待って花を咲かせ、その後冬から春まで葉を茂らせるものや、ツルボのように春に葉を出した後夏眠して秋に再び花と葉を出すものもあって、どうしてこんなに多様な生活パターンができたのか不思議なことだ。「それがその植物の生存や繁殖に有利だったから」と言ってしまえばそれまでだが、それぞれの種類にはそれなりの複雑な?事情があったに違いない。

三浦半島に住む蛍

13

「家の近くにも蛍《ホタル》がいます」と言うと、「いいですねぇ」と羨ましがられる。確かにあの光は幻想的で蚊に刺されながらも見入ってしまう。お宅の近くでも見られるだろうか。

三浦半島全体の蛍マップはまだ見ていないが葉山町では下山川の支流が流れる上山口から木古庭にかけての数か所で毎年発生が確認されている。現在、町民グループ「蛍組」の活動で発生状況の調査が行われ、生息環境の復元整備が進められているのは心強いことだ。

蛍が生き続けられる条件は、幼虫の餌になる貝がいること、幼虫が這い上がって地中で蛹になれる場所があること、枝葉が流れを覆って羽化した成虫が安心して休める場所があることなどいろいろあって、ただきれいな水があってカワニナがいればよいわけではない。

葉山では5月下旬からゲンジボタルが見られる。数は多くないが体長約2㎝で光が強く遠くからでも見える。細長い体の幼虫時代はカワニナを食べている。6月になるとヘイケボタルが出始める。こちらは体長1㎝くらいで光も弱いが数は多い。幼虫の餌はモノアラガイやサカマキガイなど小型の巻き貝だ。テレビで紹介される場所のように乱

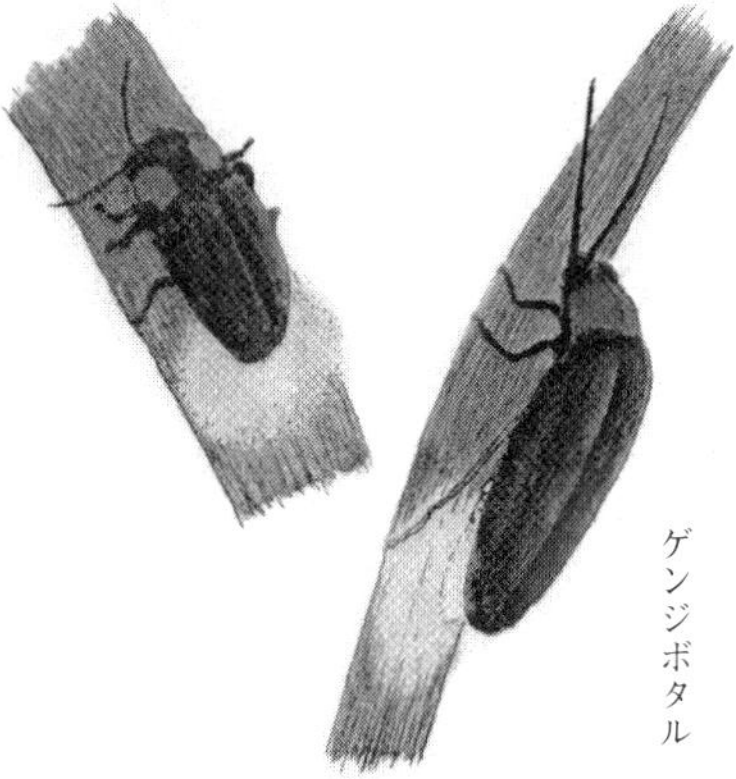

舞するとまでは言えないが同時に数匹が光るのは見ることができる。発生は7月上旬には終わる。

蛍の光は呼吸のときに出るもので熱を伴わない。エネルギーが非常に効率よく光に変えられているのだ。写真に撮るとかなり黄色が強い。点滅には種類ごとのパターンがあって、それが雌を呼ぶ信号になっている。ヘイケボタルがいちばんたくさん羽化するのは夏至の頃で風のない蒸し暑い夜が観察のチャンス。7時半頃あたりが暗くなると葉陰から一つ二つと光が現れて飛び立っていく。いちばん出るのは8時半頃まで。その後はあまり光らなくなり夜明け前頃もう一度盛り上がると聞いているが、私はまだ確認していない。成虫は何も食べずに交尾産卵して数日間の命を終える。ほんのひとときのはかない光なのだ。

横須賀市自然博物館で活躍された大場博士は蛍研究の第一人者で、各地で蛍の保存や復活の指導もされている。お話では世界の蛍の中でも幼虫が水の中にいる例はたいへん珍しいそうだ。

蛍だけ人工的に増やして放しても意味がない。生息環境を取り戻すことがいちばん大切だと思う。

近頃蛇を見ましたか

14

蛇のように嫌われるというけれど近頃はペットにしている人もいるし、團伊久磨さんは「蛙は苦手だが蛇は好きだ。余計なものが何もついていないところがいい」と書いておられた。

三浦半島でいちばん大きくなる蛇はアオダイショウで2ｍを越える場合もある。緑がかった茶色でやや不明瞭な4本の筋がある。子供の背中には斑紋が並んでマムシに似ているのは何か意味があるのだろうか。昔は餌のネズミを捕らえるために天井裏に入ったりした。次に大きいのはシマヘビで、茶色の体に4本のはっきりした黒線が通っている。気の強い蛇で手を出すと攻撃の構えを見せる。ヤマカガシも1ｍ以上になることがある。体は黒地に赤や黄などの部分が入り交じり首に黄色の帯がある。おもに蛙を食べるため水田の近くに多い。奥歯に血液の凝固を妨げる毒を持つことがわかって毒蛇扱いになった。軽く噛まれた程度なら問題ないようで、私は子供の頃掴まえて何回も噛まれたがそのままにしていても何ごとも起こらなかった。毒蛇として恐れられているマムシには今でも時折お目にかかる。特徴は70㎝以下で蛇としてはずんぐり型の体。茶色で丸い輪のような銭型紋が並んでいる。頭の後部、

マムシ

首の付け根が膨らんでやや三角形に見える。毒は強いが量が少ないため噛まれても命にかかわることはほとんどないと言われているので、その日のうちに医者か保健所で処置してもらえば大丈夫だろう。

噛まれたときの対応は保健所で聞いてほしい。マムシはハブと違って追い詰めたり知らずに踏んだりしない限り攻撃して来ないのでその点は安心だ。近くにいても1ｍ以上離れて、ヘビを刺激しないようにそっと通り過ぎればよい。

以上のほかジムグリ、ヒバカリ、シロマダラ、タカチホヘビもいるが、どれも小さくてごくおとなしいから驚くほどのことはない。毒を持つのはマムシとヤマカガシだけだ。

近頃、山を歩いてもめったに蛇を見ない。喜ぶ人も多いだろうが、それは蛇の餌が減り生息環境が悪化していることを示す兆候だから歓迎してもいられないと思う。

蛇を撮影するのも困難になった。でもいい方法がある。それは蛇が大嫌いな人と一緒に歩くこと。どうしてあんなに目ざとく見つけられるのか不思議だけれど、撮る機会は増える。

15 初夏は木の花の季節

三浦半島の木の花は早春から始まって1年中何かしら咲いているが、その中でも春の草花がひととおり咲き終えた頃開花する木々の花は、私に新鮮な初夏を感じさせてくれる。

5月に入るとノイバラが咲く。蔓のように伸びた枝に群がる蕾が直径2～3㎝の白い花になってバラの香りを放つ。思わず摘み取りたくなるけれど枝一面に鋭い棘があって素手ではちょっと難しい。秋には艶のある丸い実が赤く熟す。もう一つ、香りのよい花がスイカズラ。蔓になる木で他の木にからみ冬も葉を落とさないので「忍冬」の別名がある。小枝に集まって咲く花は横向きの筒先が5裂して、四指を揃え親指を下に開いた掌のようだ。花の根元に蜜があり子供が吸って遊んだりした様子から「吸い蔓」という名になったという。英名のハニサクルも同じような意味だろう。花は咲いたときは白くてしだいに黄色に変わっていく。数年前、三浦市内で11月にこの花の満開を見たことがある。晩秋には紺色の丸い実ができているはずなのに、世の中間違っていると思った。

同じ頃ハコネウツギが開花する。海岸近くの林の縁に多い落葉樹で

スイカズラ

アジサイのような葉の間から紅白入り混じった花がたくさん咲いている。これは咲き分けたのではなくて咲いているうちに白から赤に変色するため。「箱根空木」の名に反してこの種類は箱根の山の上には生えていない。箱根に同じような花があるのはニシキウツギなど別の種類だから誤って命名されたのだろう。

6月、夏の訪れとともに卯《ウ》の花が咲く。正式な和名はウツギで「空木」は古くなった茎の中心部が空洞化することを表している。そのような木はいろいろあるのでウツギの名を持つ植物は多いが、ウノハナの仲間は三浦半島では3種類。4月末頃森戸渓谷などに見られる繊細な感じのヒメウツギ。葉の幅が広く5月にやや小形で星型の花を付けるマルバウツギ。そして本物のウノハナつまりウツギ。花はどれも白くて丸い実がなる。ウツギは葉山町の下山川など川の縁に多く、昔は畑の地境にも植えられたらしい。唱歌に出てくるほどよく目立つ花だが香りは感じられない。

「卯の花の匂う垣根」は文学的表現なのだろうか。

16 初夏の浜辺を飾る海岸植物

高山にはふつうの場所で見られない特有の植物が生えているように、海岸によく育ちそれ以外の場所ではあまり見られない種類があって海岸植物といわれている。浜辺にあるから浜昼顔《ハマヒルガオ》、浜大根《ハマダイコン》など「浜」がついた名が多い。三浦半島には30種類ほどあって春から秋までいろいろな花を見ることができる。砂浜に生えるものと崖や草地に生えるものがあり、砂丘が少ない三浦半島では後者が多い。佐島の天神島はよい観察場所だ。

海岸の花暦は3月に開花するハマダイコンで始まる。ずっと昔野生化した大根だと言われ（異論もある）、花はピンク色。根は細くて食用には向かない。三浦海岸や毘沙門の浜など各地の海岸に群生して花畑のようだ。4月には浜豌豆《ハマエンドウ》とハマヒルガオが咲く。ハマエンドウは鮮やかな紫色で花の後には豆の鞘ができる。浜の草地によく生え城ヶ島南側の馬の背洞門の近くや毘沙門海岸などに多い。ハマヒルガオは砂浜に蔓を伸ばし丸い葉とピンクの花を砂の上に開く。あちこちで見られ葉山公園の近くに密度の濃い群生があって美しい。以前はやった歌に「浜昼顔よ　いつまでも」という歌詞があったが、この花の命は

ハマヒルガオ

1日限りだから恋に例えるなら毎日相手を変えることになりそうだ。同じ頃砂丘に細長い葉と小型の穂を出しているのが弘法麦《コウボウムギ》と弘法芝《コウボウシバ》。

　両方とも砂の中に長い地下茎を持っていて、風が砂を運んで積もらせてもすぐに茎を伸ばして砂の上に顔を出す。このような植物が増えると砂の移動が食いとどめられるので砂丘を安定させる効果がある。昔、弘法大師が浜辺を通りかかったとき土地の人に麦を少し分けてほしいと頼んだが、その人が意地悪く断ったところ、そのあたりの麦は食べられないものに変わってしまったそうだ。コウボウムギは雌雄異株で麦に似た穂を付け、コウボウシバはもっと小さくて粒状の雌花の先に茶色の雄花を付けている。5月中旬、ハマボッスが白い小さな花の穂を作り、岩の上に伸びたテリハノイバラがノイバラより大型の白い花で飾られると季節は初夏から夏へと移っていく。

　少ない水分と強い日射にさらされる海岸植物は、一般に背が低く葉は厚くて艶があり根が深い。厳しい環境に耐えて精一杯生きているこれらの植物を大切にしてほしいと思う。

17 磯に住む蟹たち

磯でまず目につく動物は蟹《カニ》やヤドカリ。三浦半島の磯にも数、種類ともにたくさんの蟹がいる。２本の鋏と８本の足を使ってすばやく動き回れる体は、餌を取るにも敵から逃れるにも好都合だ。鋏は足が変化したものだから動物学では蝦蟹の仲間を十脚類という。

この辺の磯でいちばん多いのはヒライソガニで甲羅は２～３㎝。名のように甲羅が平面的で茶色だから周囲の小石に似た保護色になっている。荒波がぶつからない場所で転石の下を探せばすぐ見つかるだろう。イソガニはヒライソガニよりやや大きくて甲羅は黄土色に黒っぽい斑がある。イシガニは甲長８㎝前後。いちばん下側の足は鰭《ひれ》のような形で、それを使って泳ぐように移動する。魚屋に並ぶガザミ（ワタリガニ）の仲間で体型がよく似ているが甲羅の左右にガザミのような突起はない。脅かすと鋏を広げて威嚇の姿勢をとり、大きな鋏の間に手を出せば瞬時に挟まれるから危ない。イシガニに似てやや小さいベニツケガニは赤黒い甲羅の縁が紅色で美しい。これもすばやく逃げるので掴まえるのは難しい。オオギガニは横長の丸い甲羅で甲幅は３～４㎝、体全体が扇に似ている。鋏の先は黒く磯にはいくつかの種類がいる。足元の小さな海藻

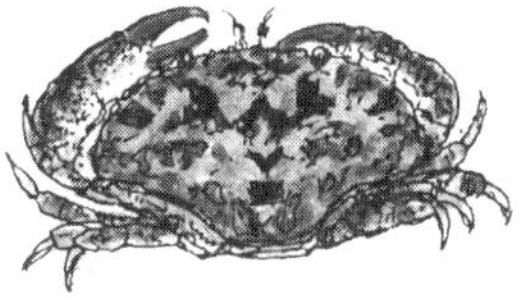
オウギガニ

ヒライソガニ

の塊？がごそごそ動き出したらそれはイソクズガニ。体中の突起に海藻が生えたり、自分でちぎってつけたりするので、じっとしているとほとんど発見できない。掴まえると足を縮めて死んだふりをする。ちょっと潜れば、赤っぽい体に長い足のショウジンガニや、岩の面を滑るように走るトゲアシガニなどに出会うだろう。

蟹の足は7つの部分（節）でできている。付け根に近い三つは小さくて目立たないが、4番目からは長くて先端の節は先が尖っている。私たちが食べるのは主に4、5、6番目の節だ。鋏は足の先端部が特殊化して6番目の節の突起と7番目が向かい合う形になっているので開閉するのは片側だけ。実物で確認を。絵を描くときなどは注意したほうがいい。

腹側を見れば雌雄がわかる。蝦の場合体の後半に伸びている腹部が蟹では腹側に折り畳まれていて、その部分が三角形なら雄だ。卵を抱える雌は半円形になっている。

慌ただしい日常を離れて、ひととき蟹と戯れてみてはいかが。蟹にとっては迷惑かもしれないけれど。

18 カワトンボ舞う森戸渓谷

三浦半島には平作川、田越川、下山川、森戸川、前田川などいくつかの川が流れている。

その中で流域の自然環境が最もよく残されているのは森戸川の上中流域だろう。田浦の東側で半島の水を東西に分ける丘陵の下から湧き出る地下水が集まって小さな滝や渓谷を作り、やがて葉山町の住宅地を流れて森戸神社の脇で相模湾に注いでいる。中流から上は山の間で住宅や畑がないため、水質検査でも「きれい」「ややきれい」と判定されている。

森戸川の下流には海から上がってくるボラの幼魚(イナと呼ばれる)やアユなどもいるが、途中に段差があるためそこまでしか来られない。だから逗葉新道脇の福厳寺あたりから上に見られる魚はオイカワ、アブラハヤ、ヨシノボリなど。よく目につくのはオイカワで体長15㎝くらいになり群れになって泳ぐ。繁殖シーズンになる夏の間、雄の鰭《ひれ》の先が赤く色づいて美しい。婚姻色と呼ばれるものだ。アブラハヤも数は多いがずっと小さくて10㎝どまり。鰭が赤くなることはない。ヨシノボリはかなり上流まで住んでいる。ハゼの仲間で底の岩の上でじっ

カワトンボ（オス）

としていることが多くあまり泳がない。

川辺を飛び回るカワトンボの羽は雄がオレンジ色で雌が黒。時々雌と同じ色の雄がいるので「そういうのはミカワトンボ」と説明しても皆さんまじめに聞いていてなかなかわかってもらえない。「美川トンボ」のつもりなのだけれど。雌は川の水に腹の先を入れて産卵する。その時雄が近くで見守っていることが多く、そうしないと他の雄が雌を奪ってすでに入れられた精子を掻きだして自分の精子と入れ替えてしまうというから、うかうかしていられない。この流れにはカワトンボのほかにヤンマ類のヤゴ（幼虫）も住んでいる。3㎝ほどの透明な体を持つヌマエビやヌカエビもいる。水面に乗ったアメンボもいる。

音は静かでも水辺は意外に賑やかだ。

森戸川流域は去年の台風で倒れた木が多く渓谷沿いの道は歩きにくいがカワトンボは健在だ。以前はたくさんいたツチガエル（茶色で背中に突起が多い）が激減しているのは殖え続ける外来種のアライグマに食べられているためらしい。帰化動物は各地で大きな問題をひき起こしている。

19

梅雨に咲く花

暦の上では6月12日から約1か月間が梅雨で雨が続くことになっている。しかし今までの記録を調べると年による違いが大きく、空梅雨に近かったり、長い中休みがあったりしてなかなかイメージどおりにはいっていない。よろず気象現象はもともと年ごとの変動が大きくて平均値的な場合は少ないのだ。その意味では毎年がいろいろな点で、〝異常〟なのかもしれない。そうは言っても雨の確率が高いことは確かで、そんな季節を忘れずに可憐な花で飾る植物がある。雨の合間に訪ねてみよう。

まずは釣り鐘草のイメージにぴったりのホタルブクロ。5㎝くらいの白またはピンクの花がいくつも下がり、花の筒先は5裂して毛が生えている。昔、蛍がたくさんいた頃は子供たちが蛍をこの花に入れて光らせて遊んだと言う。私もやってみたいと思いながらまだ機会がない。一説には「火垂る袋」という提灯の名に因るという。

暗い林の下にはオオバジャノヒゲの白い花が咲き、山道にはムラサキニガナが1ｍくらいの茎に紫の花をたくさんつけている。子育て中のウグイスのさえずりは7月末まで続く。

ホタルブクロ

風に乗ってくる強い香りを辿っていくとヤマユリが咲いている。神奈川県花になっているほど、かつてはどこにでもたくさんあったが、野生状態で見ることは少なくなった。減った原因は開発による自然破壊だけではなく、ススキの原に人の手が入らなくなって笹や木が伸び、草が光を奪われてしまったからだ。1950（昭和25）年頃まで逗子の披露山南東斜面にはたくさん咲いていて中学生の頃よく採りに行った。遠くから場所を見定め、背丈より高いススキを掻き分けて進んでいって、大きな花が突然目の前に現れたときの感激は今も忘れていない。その場所も既にユリが生きられる環境ではなくなってしまった。

ヤマユリは6枚の花被片を持つ。よく見ると内外3枚ずつになっていて内側が花弁、外側が萼片に当たる。雄しべは6本、雌しべは1本。秋には実がなって多数の種子が風で飛んでいく。球根が肥大すれば花もたくさん咲くが1年に1個ずつ増えると決まってはいない。三崎口駅に近い妙音寺の裏山には散策路に沿ってたくさんのヤマユリが植えられている。

20 どう違う「春」と「姫」

貧乏草《ビンボウソウ》というのをご存知だろうか。空き地や畑の跡、廃屋の庭などにたくさん生えて春から夏のはじめまで白い花を咲かせる草のことで、よく見るとピンクの花もあったりしてなかなか可愛らしい。それもそのはず、これらの花は以前観賞用に北アメリカから持ち込まれたものが各地で野生化しているのだ。いわゆるビンボウソウには2種類あって正式な和名は春紫苑《ハルジオン》と姫女苑《ヒメジョオン》。前者は明治時代、後者は大正時代に移入された。家運が傾いて手が入れられなくなった庭などに多く生えるから「貧乏草」と呼ばれるのだろうか。我が家も貧乏と認められたらしく庭によく生えてくる。

ハルジオンは3月から5月にかけて開花し、白ないしピンク色で蕾は下を向いている。葉の付け根は両側から茎を囲んで茎を抱いており、茎の内部は竹のように中空だ。

ヒメジョオンは5月から7月が花時でハルジオンより花が小さくて白色、葉の付け根は茎を抱いていない。茎を切ってみると穴はなくて中心まで白い部分が詰まっている。5月には両者が同時に見られるが、前記の点に注意すれば見分けられるだろう。枝の張り方も違うので、慣れれば車を走らせながらでも識別できる。

　以前、さる有名時代劇の映画の中で、白い野の花が咲き乱れる原で合戦が繰り広げられる、という場面があった。画面効果はなかなかよかったがその花がヒメジョオンだったから知っている人は大笑い。侍が戦った頃そんな花が日本に咲いていたはずはない。しかしその場面を違和感なしに楽しんだ人と素直に楽しめなかった人とどちらが幸せかということになると難しい問題だ。なんでもよく知っているほうが幸せだとは言い切れないだろう。

　外国から入って日本で自然繁殖している帰化動植物がいろいろな問題を起こしていることはご承知と思う。三浦半島では木の皮をかじって枯らしてしまうタイワンリス、池の魚を盗むアライグマ。植物では本来の生態系を乱して広がるセイタカアワダチソウやセイヨウタンポポ。花粉症を起こすブタクサ。田畑の雑草の大部分も昔外国から入った帰化植物だ。

　長引く不況とともにビンボウソウが増え続けると、そのうち大きな問題になるかもしれない。

21 植物だって化粧する

小網代の湿地などに生えているハンゲショウをご存知だろうか。漢字では「半化粧」と書く。水辺に生える多年草で4月頃赤い新芽を伸ばし、梅雨の頃には60㎝ほどになって茎の先端部に小さな花の穂が下がる。それと合わせるように近くにある葉の一部が白く変わるのを半分化粧したと見て名がついた。花の香りはないが草全体に独特の匂いがあり群生しているとはっきり感じられる。花が終わると化粧も落としてしまうところがおもしろい。暦を見ると7月はじめに半夏生《はんげしょう》と言う日があって、この花の時期と一致することから名がついたともいう。昔は農業用の水路などにたくさんあったが、今は寺や庭先に植えられていることが多い。

6月に咲くドクダミは白い4弁花のように見えるがそれは苞《ほう》と呼ばれる部分で、花は中心に立つ黄色の部分に穂のように集まっている。ドクダミの花は雄しべと雌しべだけで花弁も萼《がく》もない。苞は花の穂を目立たせるのに役立つのだろう。そのあたりがハンゲショウとよく似ているのに気づかれたかもしれない。草全体に臭気がある点も共通だ。この両者は同じ科に分類されていて日本ではドクダミ科の植物は

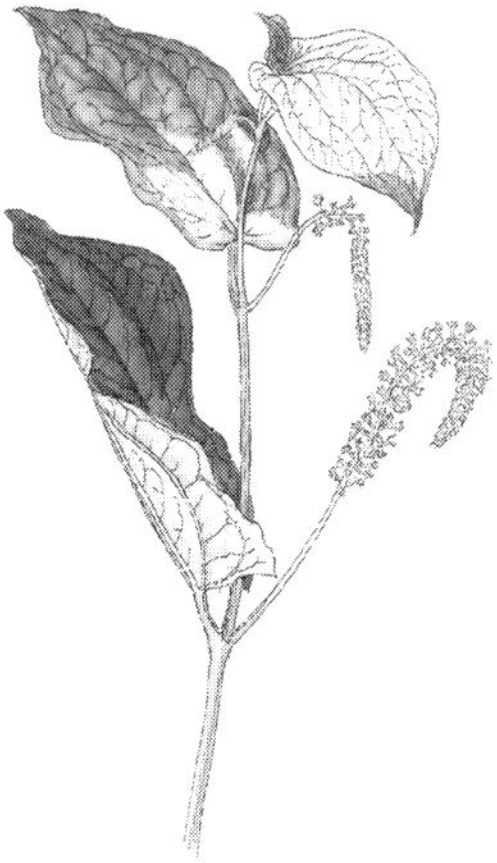

ハンゲショウ

この2種類しかないと思う。

ドクダミは毒を消す薬効があるので「毒痛み」あるいは「毒矯め」の意味で名がついたと言われ、別名の「十薬《じゅうやく》」は十字型の苞の形または十の薬効があることを示しているらしい。

小さな花を目立たせる苞をもつ植物はアメリカハナミズキ、ポインセチア、ブーゲンビレアなどいろいろある。花はもともと葉が変化してできたものなので、鮮やかな苞葉は花弁に進化する前の姿なのかもしれない。花を目立たせて虫を誘うことは繁殖に有利だと考えられるけれど、ドクダミの花に虫が来ることは稀だからあまり実質的な意味があるとは思えない。そうすると苞が虫を呼ぶためにあるという解釈には無理がある。自然はそれほど単純にはできていない。何にでもすぐに意味をつけて問題が解決したように思いたがるのは人間の浅知恵なのかもしれない。

そう言えば〝誰に見しょとて*紅鉄漿《べにかね》つけて…〟とかいう都々逸《どどいつ》がありましたね。

＊紅鉄漿＝紅とお歯黒。転じて、化粧

22 雑草は本当に強い？

雑草取りは農家の大作業、私も小学生のとき、疎開先でよく農家の手伝いをしたからそのご苦労はわかる。畑の雑草はどうしたら絶やせるだろうか。生態学者の宮脇昭博士が私たちにその質問をされたとき、博士の正解は除草剤や人海作戦ではなくて「草取りを一切やめること」だった。どういうわけだろう。

農家を悩ます畑雑草は、畑とその周辺以外ではあまり見られない種類だ。多くは外国から入ってきた帰化植物で、ナズナやカラスノエンドウはヨーロッパから、ハキダメギクは北米から、ハコベやホトケノザはアジアが原産地とされている。私も東南アジアの国々で日本で、お馴染みの種類をいくつも見たことがある。

畑は日当たりがよく土が肥えている。抜かれたりしなければ、まさに理想的な生育環境だ。雑草はすばやく成長し花を咲かせて種を作って次の世代を確保する。そんなに強い雑草ならそのまま放置しておけば他の植物を圧倒して何年も生い茂るだろうか。

それは実験で確かめられる。畑の一角を仕切ってその後の様子を見ていればよい。人手が入らなくなった場所にはたくさんの種が降り注

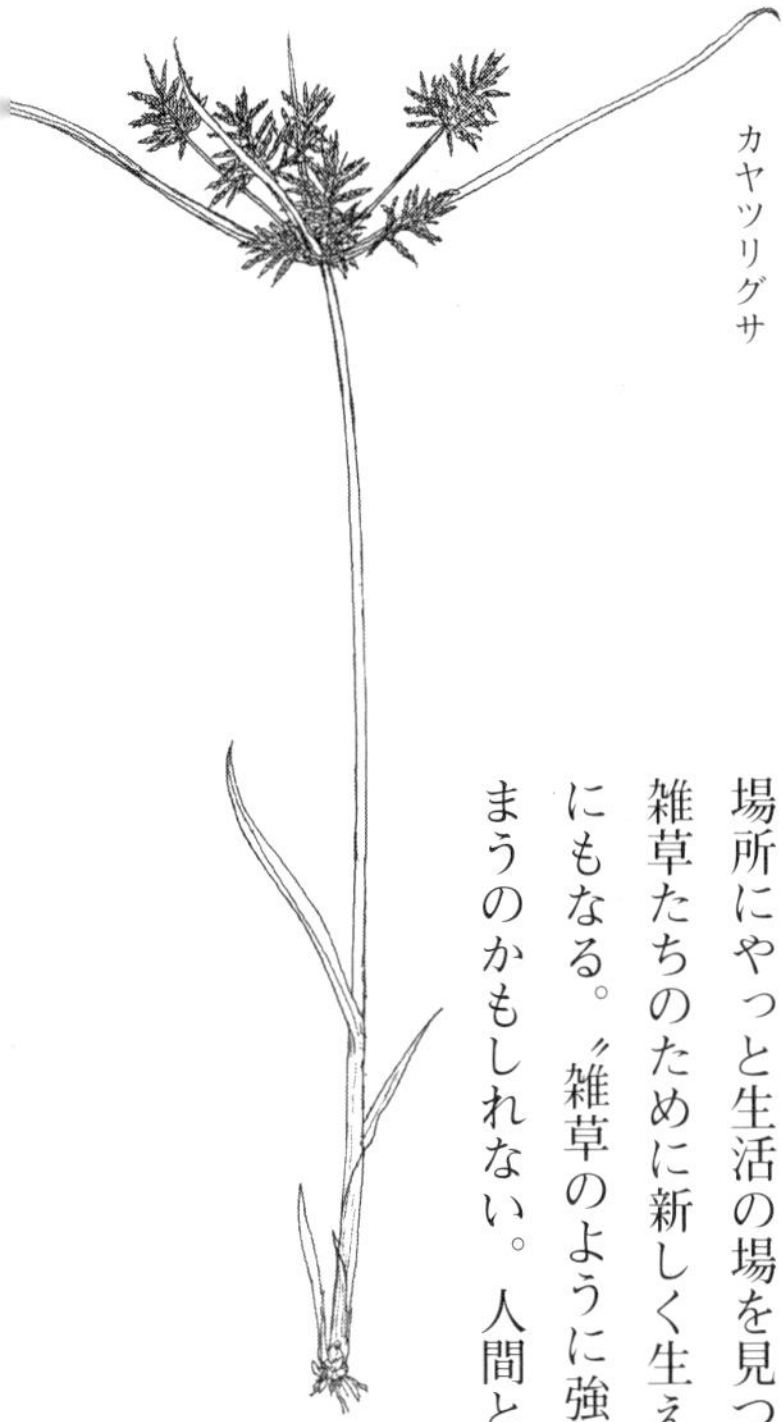

カヤツリグサ

ぎ、発芽して競争が始まると少しでも速く高く伸びて光を確保したものが勝つ。背が低い畑雑草は光合成ができなくなって枯死するしかない。かくて数年後、その場所はススキやセイタカアワダチソウの原になり笹が進入して、畑に生えていた雑草は完全に姿を消してしまう。確かに博士が言われるとおりだけれど、同時に畑も消滅することになるわけだ。我が家の近くにそういう放棄畑がある。

雑草は抜群の生長速度と繁殖力を持っている。しかし他の植物との競争には極めて弱いのだ。だからその土地本来の自然がしっかりしている場所には入り込めない。人が自然を切り開き環境を変えていった場所にやっと生活の場を見つけているのだ。と考えると、畑の除草は雑草たちのために新しく生える場所を用意してやる作業だということにもなる。〝雑草のように強い〟人たちも競争社会では案外負けてしまうのかもしれない。人間と草とは同じではないだろうけれど。

23 梅雨を喜ぶカタツムリ

子供の頃歌ったデンデンムシの歌は「おまえの目玉はどこにある　角出せ　槍出せ　目玉出せ」と続いている。目玉はどこにあるかと見ると頭部に生えた2対の触覚の、上側の、長いほうの先に入っている。でもどれが槍か角なのかはよくわからない。デンデンと鳴くわけもないのに、なぜそう呼ばれるのか。たぶん、子供が遊ぶオモチャ、「デンデンタイコ」に似た殻があるからだろう。

三浦半島にも数種類のカタツムリが住んでいる。正式名を「マイマイ」と言い、漢字で書けば「蝸牛」だ。よく見るのは殻に3本の黒帯がミスジマイマイ、帯が1本のヒトスジマイマイや小型で殻がうすいウスカワマイマイなどだ。海産の巻貝は鰓《えら》で呼吸しているがカタツムリは、肺のような部分を持っていて、空気中の酸素を取り入れるので、有肺類と呼ばれている。海産の巻貝がほとんど右巻き（上から見て時計回りに殻が成長する）なのに、殻が左巻きのヒダリマキマイマイなんていう種類もいる。食物は腐りかけた葉などで、キャベツなどもよく食べるので、大発生すると、野菜に大損害を与えることがある。地中に産卵してどんどんふえるからだ。

ナメクジ（右）
ミスジマイマイ（左）

熱帯から亜熱帯に住むアフリカマイマイは殻頂が尖っていて、10㎝くらいになり小笠原や沖縄にもたくさんいる。昔、これを輸入して食用にしようとした業者がいて農産物を食べ荒らして大問題になった。食べてもエスカルゴほどおいしくはなさそうだ。本を見ると歯舌（やすりのようなギザギザがある歯）で食物をけずり取って食べると書いてあるが、実際に見ているとバリバリと噛みくだくような感じだ。

私は描きかけ（ぬりかけ）の絵をかじられたことがあり、絵は台なしになったがきっと「この絵はうまい」「いい味がある」なんて言いながら食べたのだろうと思って、怒らないことにした。

体が乾くと困るカタツムリにとって梅雨はうれしい季節だ。乾いたときは殻の口にうすい膜（小さな呼吸孔がある）を張ってしのいでいる。

ナメクジは殻が退化しているが、基本的には同じ造りだ。イギリスでは玄関の前や庭の芝生に15㎝ぐらいのが這っていた。

24 夏の大潮、赤手蟹の夜

日本にいる蟹の中で海を利用していないのは、森戸川上流など山間部の水辺で見られるサワガニだけ。一見淡水域の住民のように見えるモクズガニや赤手蟹《アカテガニ》はすべて海で産まれる。

三浦市の小網代湾はたくさんのアカテガニが放仔《ほうし》(子供を放すこと)する場所としてマスコミでも紹介されすっかり有名になった。アカテガニはたいてい流れに近い湿地や森で生活している。雑食性で時には共食いもすることがあり、地上だけでなく4～5ｍも木に登って餌を探していることがある。幹の下側でも歩けるほどだから猿の手を借りなくても柿の実くらいは取れるだろう。三浦半島ではベンケイガニは少ない。

7月から9月の大潮の夕方、腹にいっぱいの卵を抱えた母蟹たちが水辺に向かって移動を始める。じつはそのかなり前に居住地を出て海辺まで歩いてきたわけで、出発の日をどのように決めているのか不思議なことだ。小網代の場合、海から1㎞以上のところにも蟹がいるから人間なら出産のために三崎から大船まで歩いていくような距離に当たる。

放仔するアカテガニ

日が沈み満潮時刻が過ぎて再び潮が引き始めた頃、時期を合わせるように母蟹たちが現れて少しずつ水辺に近づいていく。静かに寄せては返す波。でも蟹の体にしてみれば背丈を越す大波だ。やがて意を決した1匹が波間へ進み、足を張って体を起こしたまま1～2秒間激しく振動させる。茶色の煙のように海中へ広がる粒は蝦のような形でゾエア幼生と呼ばれる蟹の子供たち。放出の刺激で孵化するのだ。母蟹たちは次々に海に入って子を放し、それが2時間ほど続いて8時頃には放仔が終わる。「ガンバレ」と応援したくなる情景だ。

海へ巣立った幼生には厳しい試練が待っている。母蟹の近くにはハゼなどが集まって放仔を待ち構え、中には蟹の腹をつついて催促する奴もいる。近くの岩にはフジツボが並んで熊手のような触手でせっせと幼生を掻き集めて食べている。難を逃れ餌に恵まれて変態できたごく一部のものだけが数ミリの子蟹の姿になって上陸することになる。

岸辺では雄蟹が放仔を終えて戻ってくる雌を待っていて、すかさず拉致して強引に交尾する。中に雌を捕まえられないで小石や木片などを抱えている雄がいるのは身につまされる光景だ。

25 華麗なウミウシたち

ウミウシはタコやイカと同じ軟体動物。骨のない体で岩の上を這っている姿は陸上のナメクジに近い。体長は5㎝前後が多くもっと大きい種類もある。ナメクジに近いと言ってもウミウシにはたくさんの種類があって色も形も千変万化、その見事なデザインとトータルコーディネイトに感心させられる。〝標準型〟のウミウシは細長い体の前のほうに柄のついた2本の目があり、後ろのほうに花が咲いたような形の鰓《えら》がある。この辺の海ではアオウミウシ、シロウミウシ、クロシタナシウミウシ、クモガタウミウシなどがこのタイプだ。

背中一面に針のような突起が並んでいるミノウミウシは雨のとき農家の人が着た簑《みの》を連想させる。この辺にいるのは赤色のセイロンミノウミウシや青紫のムカデミノウミウシなど。ムカデメリベは背中に10本くらいの突起を持ち、強い体臭がある。丸い口を大きく広げる様子がなんともユーモラスだ。南の海に住むミカドウミウシは大型で赤と白の派手な装い。刺激すると色鮮やかな外套膜（体の両側）を広げてみせる。水中に放すと体をくねらせて泳ぐので英語では「スパニッシュダンサー」と呼ぶ。今年は南の海で出会いたいものだ。

アオウミウシ

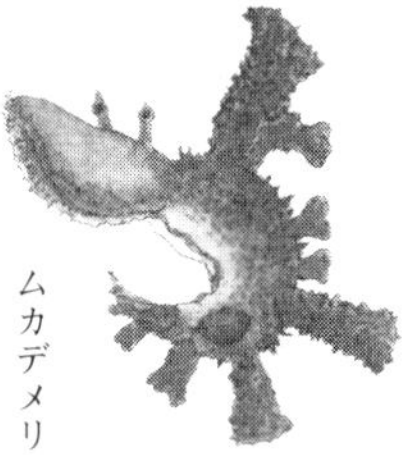

ムカデメリベ

シロウミウシ

磯で岩についた渦巻き型の襞《ひだ》を見つけたらそれはウミウシの卵塊で、赤、黄、白などの襞の中に無数の卵が入っている。幾重にも巻いた襞はピエロの襟飾りのようだ。

ウミウシには小さな動物を食べるものが多いが大型ウミウシの一種アメフラシは海藻を食べ刺激すると赤い液を出す。体内に貝殻の名残があるので、貝類と緑が近いことがわかる。同類のタツナミガイも体内に貝殻を持つ。多数の突起に覆われた体は岩と見分けにくい。

ウミウシの鮮やかな色は死ぬと消えてしまい、ホルマリンに漬けて標本にしても残せない。形と色を立体的に残してみたいと思い、私は陶芸でいくつかの種類を試作してみた。問題は多数の突起で土を捏ねて作るのが難しく、できてもすぐ折れてしまう。ガラス細工のほうがいいかもしれない。以前、華やかな衣装を纏ったご婦人に「ウミウシのように美しいですね」と褒めたら全然喜ばれなかった。ウミウシはまだまだ誤解されている。

「海牛」と漢字で書くとそれはカイギュウでジュゴンなど海に住む大型の哺乳類を指す。

26 梅雨が明ければ蝉の大合唱

三浦半島で鳴く蝉は6種類。昔は5月頃、松の木などでジィージュクジュクと鳴くハルゼミがいたがもうずっと声を聞いていない。梅雨が明けるとまず聞えるのがニイニイゼミの声。チーイという高い連続音で、芭蕉ならずとも「岩に染み入る」という感じを受ける。続いて羽化してくるのがミンミンゼミ。腹を伸縮させてミーンミンミンと大きな音を出す。鳴き始めのミンミン……は20回くらい続き、その後は5〜6回だ。それからアブラゼミ。ジリジリジリ……と暑さをかき立てるように鳴く。同じ頃ヒグラシが加わる。その名のように夜明けや夕方などうす暗いときによく鳴き、カナカナ……と聞える高い声は鳥と間違われたりする。

城ヶ島に多いのがクマゼミ。もともと南方系の蝉で伊豆から関西以西ではふつうに見られるのに三浦半島では少ない。羽は透明で体は黒。他の蝉に比べて目の間隔が広い。シワシワシワという大きな声は一度聞けばすぐ覚えられるだろう。クマゼミが多いことは気候が南方的な要素を持っている証だ。8月になって出てくるのがツクツクホウシ。前記の蝉の中では小さいほうで、ジュクジュクというイントロから始

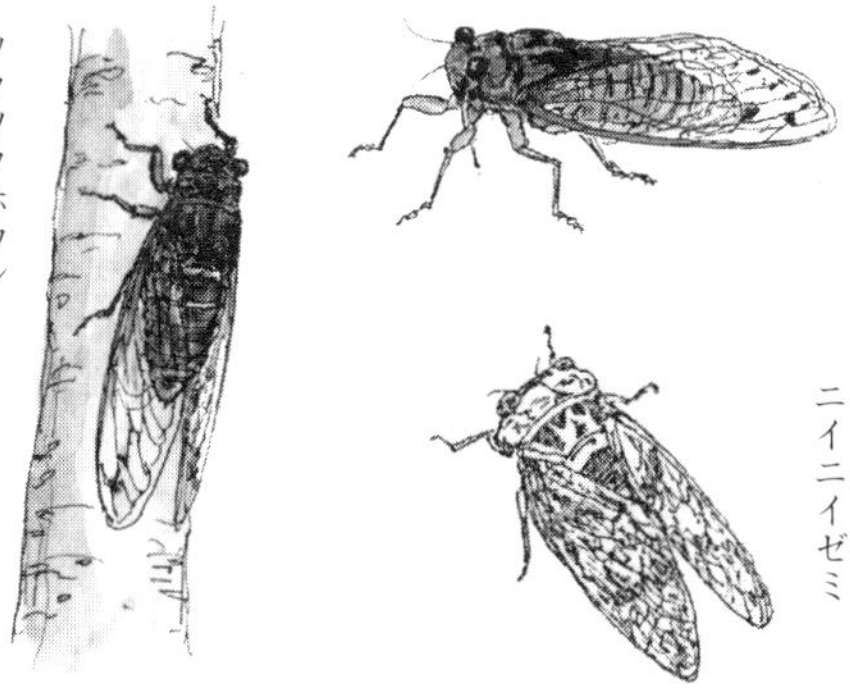

まってオーシージュクジュクと十数回繰り返した後、オーシーヨーオーシーヨージィーと鳴き収める。世のいろいろな場所で蝉の声を聞いたが、これほど変化に富んだ鳴き方は覚えがない。さすがに日本的というか、線香花火のようなストーリー性があるのには感心してしまう。ツクツクホウシの声は10月になっても聞くことがある。

蝉は腹部の発音器で音を作り、腹で共鳴させてあの大きな音を出す。口で鳴くわけではないから針を立てて樹液を吸いながら鳴くこともでき、鳴きながら移動することも多い。ただし鳴くのは雄だけだ。

有名な昆虫学者が著書の中で「私は蝉になりたい」と書いているそうだ。理由は「蝉の雌はものを言わないから」で、男性の皆さんにこの話をすると必ず受けることになっている。

長い地中生活の果てにやっと地上に現われて、せいぜい10日あまりを精一杯生きたあと命尽きる蝉たちの生活を、温かく見守ってやりたいと思う。

三浦半島のトンボ

いろいろ 27

その昔、日本列島はアキツ（トンボ）が交尾しているような形だと言われた方があって、そのすごい想像力に感心してしまう。本当にそう見えるかどうかは別として、トンボが昔から人によく親しまれてきたことは確かだ。トンボの名は「飛ぶ棒」から来たと言われ漢字では「蜻蛉」と書く。三浦半島のトンボをいくつかご紹介しよう。

森戸渓谷や小網代の森にはカワトンボがいる。雄の羽は橙赤色で雌は黒っぽい。羽を立ててとまるのが特徴だ。同じような形でずっと小さくか弱い感じのイトトンボ。青い胴体が美しいアオイトトンボなど数種類いる。この森には大型のヤマサナエやミルンヤンマもいる。私たちが子供の頃もち竿や網で追いかけたギンヤンマは、少ないながら今でも見ることができる。彼らの子供が育つ池沼や川がまだ残っているのはすばらしいことだ。身のまわりでよく見られるのは青い体を持つ雄のシオカラトンボ。雌は黄と黒の縞模様で俗にムギワラトンボと言っている。黒い体で途中に白い部分があるコシアキトンボ。確かに腰が透いて見え、水辺に多くて逗子市の久木大池でよく見る。いちばん大きいオニヤンマは水田のまわりで時々見られ黒と黄の縞模様で10

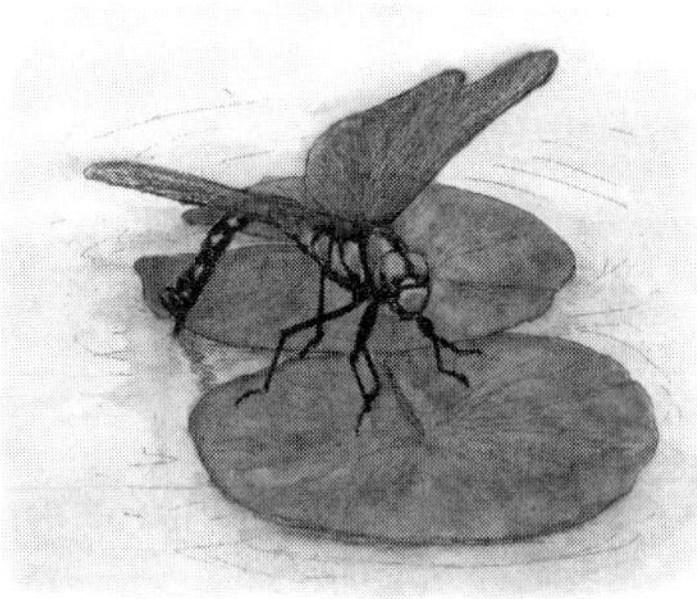

産卵するヤンマ

cm以上になる。我が家の小さな池にもヤンマが飛んできてスイレンの葉にとまり腹部を水中に深く入れて産卵する。ところがそのまま羽まで濡らして水面に浮いていることがあり、何度か助け上げたが毎年同じことが起きている。

初秋には赤とんぼが飛び回る。アキアカネのように平地と山地を往復する種類もあって数十匹が集団を作る。本当に真っ赤なのはショウジョウトンボ。鮮やかな色がよく目につく。城ヶ島の磯に続く淡水の水溜まりにはショウジョウトンボを始めいろいろなトンボがいる。ヤゴ(幼虫)がそこで育っているのだ。ここの水溜まりにはアマガエルやオタマジャクシもいる。

秋も半ばを過ぎて、小春日和の中でじっと羽を休めているのは小形のウスバキトンボ。静かにしていると膝にとまったりする。暖かい日が続けば12月にも見ることがある。半島のトンボたちが元気でいることは自然がよい状態に保たれていることの証だ。いつまでもトンボと一緒に暮らせる環境を保ちたいと思う。

28 ジュース大好きの昆虫たち

昆虫の食物は生きている動植物をはじめ死骸から糞にいたるまでほとんどすべての有機物に及ぶ。固形物だけではなくて液体を餌としているものも蝶、蝉、蚊の成虫などかなり多い。液体を取り込むには丈夫な顎《あご》で咬まなくてよいからそのほうが手っ取り早いのだろう。

子供の頃、クヌギやコナラの樹液を求めて集まる甲虫《カブトムシ》や鍬形虫《クワガタムシ》を採りに行くのは夏の楽しみの一つだった。幹がささくれだって穴ができている場所が狙い目で子供たちはそれぞれ人に教えない秘密の穴場を持っていた。今日はどんな虫が来ているかと心を躍らせながら行ってみると、いるいる、カブトムシ、クワガタムシ、黒や茶色のカナブン、そしてヒカゲチョウやジャノメチョウ、オオスズメバチも常連客だ。幹の上のほうにいるときには登って行き、無理なときには幹の下のほうを思い切り蹴飛ばすと震動に驚いた虫が落ちてきた。

現場で観察していると虫たちの優劣順位がわかる。やはり大きくて力持ちのカブトムシが優勢だ。小さい虫が割り込もうとしても無視されている。大型同士が出くわすと喧嘩になり相手の腹の下に潜り込んだほうが豪快なすくい投げで相手を退散させることもある。

林が切られて樹上のレストランも少なくなってしまったが、カブトムシ以外にも樹液や草の汁を吸う虫はいる。蝉と同じ仲間のアリマキやカメムシ、どういうわけかハトと呼ばれるうす緑色の小虫アオバハゴロモは木の枝に並んで樹液を吸い、蝉の羽をなくしたようなアワフキムシは草の茎を白い泡の塊で包みその中で汁を吸っている。泡を吹き飛ばせば見られるはずだ。シジミチョウのある種は鳥の糞に集まっている。どんな味がするのだろう。

草の葉に黒い体と透明な羽を持った2㎝くらいの虫がいたらたぶんシリアゲムシで、雄が腹部を上にまげていることから名がついた。この虫は果汁が好きで桑の実などのジューシーな物にやって来る。まず雄が餌場を見つけて汁を吸っているところに雌がやってきたら雄はその場所を雌に譲り、その儀礼が交尾の条件になるのだそうで、雄は餌を譲っても甘い汁を吸えるわけだ。私はそのことを確認していないけれど、この虫を飼って観察を続けた昆虫行動学者に聞いた話で、シリアゲムシもその学者も相当おもしろいと思う。

ノコギリクワガタ

カブトムシ

29 浜辺に夏を告げるハマユウ

三浦半島の自然の中で見るべきものはいろいろあるが、横須賀市佐島の天神島に咲くハマユウは欠かせないものの一つだろう。天神島は佐島マリーナのある小島で天神様が祀られていることから名がついたらしい。島の半分は横須賀市自然博物館が管理する自然教育園になっていて月曜日以外は自由に見学できる。自然を厳重に保護して観察学習するための場所だから採集や持ち帰りは厳禁。それだけのことはあって園内では多くの海岸植物や磯の動植物を見ることができる。ここはハマユウの自生北限地としても有名だ。

ハマユウはもともと南方系の植物で、葉の様子からハマオモトとも呼ばれ、葉の繊維が強いためか「浜木綿」の字が当てられている。ヒガンバナ科に属し7~8月に彼岸花を白くしたような花が咲いていてよい香りがある。花の後に丸くて硬い実ができ、海に流れた実は遠くの海岸に流れ着いて発芽することになる。城ヶ島の馬の背洞門の近くなど他にも見られる場所はいろいろあって植えられていることも多い。

天神島には、ほかではほとんど見られなくなったハマボウの木があって夏に黄色の花をつける。花の造りをよく見るとハイビスカスの一種であることがわかるだろう。花は1日で咲き終え、毎日咲き変わる。ここにはスカシユリが多い。このユリは半島各地の海岸の崖にあって鮮やかな橙赤色の花を開く。たいてい崖の上のほうにあるので近づきにくいが、この教育園では芝生の間に咲いている。6枚の花被片（花弁3枚とがく片3枚）の間に隙間があるのが名の由来で、赤や黄色などの園芸品種もある。崖地には紫色のハマナデシコ（フジナデシコ）の花も見える。ヤマトナデシコ（カワラナデシコ）よりも葉が厚く強健で潮風に耐えられるようになっている。直径1㎝ほどの黄色の星のような花をつける草はタイトゴメで、米粒のような葉の形から名がついた。

7月、砂浜にはハマゴウが咲く。小さいながら木で、茎が砂の中に伸び、丸みのある葉の先に紫色の花が群がる。その後にできる丸い実は漢方薬になるそうだ。

8月後半、ニッコウキスゲに似たハマカンゾウが咲き始めると、海辺の賑わいもしだいに消えていく。

ハマユウ

30 小網代は蟹の天国？

油壷の北側に隣接する小網代湾は、今では貴重な〝まとまった生態系〟が見られる場所として知られている。深く切れ込んだ入り江の奥で小さな川が生まれ湿地を流れ下って河口の干潟に続いていて、斜面の森に降った雨が集まって海へ流れ出る完結した物語を読み取ることができる。川は全長２㎞余り。一日で森、川、海（干潟）の観察ができてしまう。

森にはたくさんのアカテガニが住んでいて、川岸には穴が並んだ蟹団地ができている。その蟹たちが夏の大潮の夜に海辺まで出かけて一斉に放仔《ほうし》（子を海に放す）する様子については、すでにご紹介した（54頁参照）。

干潟にはいろいろな蟹がいる。まず目に付くのは稚児蟹《チゴガニ》と米搗き蟹《コメツキガニ》。チゴガニは名のように１㎝くらいの小さな甲羅を持ち、背伸びをして白い鋏を振り上げる。見ていると1分間に30回以上振り上げ降り下ろし、その合間に餌を食べるからまことに忙しい。雌は鋏が小さくて目立たないがどこかで雄の踊り振りを評価しているにちがいない。近くにいる数匹がタイミングを合わせて踊っているのは不思議だ。リーダ

マメコブシガニ

コメツキガニ

ーがいるのだろうか。蟹のダンスは見ていてとても可愛いけれど、彼らは楽しんでやっているのではなくて、雌の獲得と縄張り宣言の意味があると考えられている。コメツキガニは甲長１㎝。砂と同じ色で見つけにくい。巣穴を掘って残土は丸めて放り出す。餌は砂に含まれる有機物で、口先で器用により分け砂を丸めて捨てる。あたり一面に産卵する砂団子は彼らが作ったものだ。

　干潟を進んでいくと、澪筋《みおすじ》（川水の流路）にゴソゴソと動いている蟹がいる。よく見ると横ではなく前に進んでいる。甲羅は１㎝くらいで丸い。マメコブシガニだ。雄が雌の背に乗っていることもある。そのままでペンダントになりそうで愛らしい。澪には鋏に毛の束を持つケフサイソガニもいる。やや大きい穴はオサガニやヤマトオサガニの家だ。両者とも甲羅が横に長いので「長蟹《オサガニ》」の名がついた。どちらも長い柄のついた目を水面から出してあたりを警戒している。干潟奥の葦原にはアシハラガニが穴を掘って住んでいる。

　蟹の天国と言われたこの干潟で蟹が激減している。アライグマに食べられているらしい。

31 穴に入りたいカイ？

近頃、人間社会には不祥事が多いので穴があったら入りたい人はかなりいるはず、と言っても中には全然入る気持ちがない人もいるけれど、海に住む貝類の中には昔から穴の中で暮らしているものがかなりある。名付けて「穿孔貝《センコウガイ》」、名のように自分で岩に穴をあけてその中で一生を過ごす貝だ。穿孔貝には多くの種類があって三浦半島の磯ではイシマテ、スズガイ、カモメガイなどの二枚貝がそれに当たる。岩の内部にいるから見つけにくいが、磯に転がっている岩に指が入るくらいの丸い穴が空いていたら、それは彼らがせっせと作り上げた家の跡で穴の中に殻の一部が残っていることもある。抱えられる大きさの岩でも時には数十個の穴があって、それだけたくさんの貝が住んでいたことがわかる。

巻き貝も二枚貝も卵から孵化してしばらくは1㎜にも満たない小さな体で浮遊生活、つまりプランクトンとして漂っていて、その後変態して貝の姿になる。穿孔貝の幼生がたどりついてそこを住家と定めると穴を作り始め、体から酸を出して岩を溶かしたり貝殻の表面にあるやすり状の突起で岩をこすったりして、少しずつ穴を広げていく。

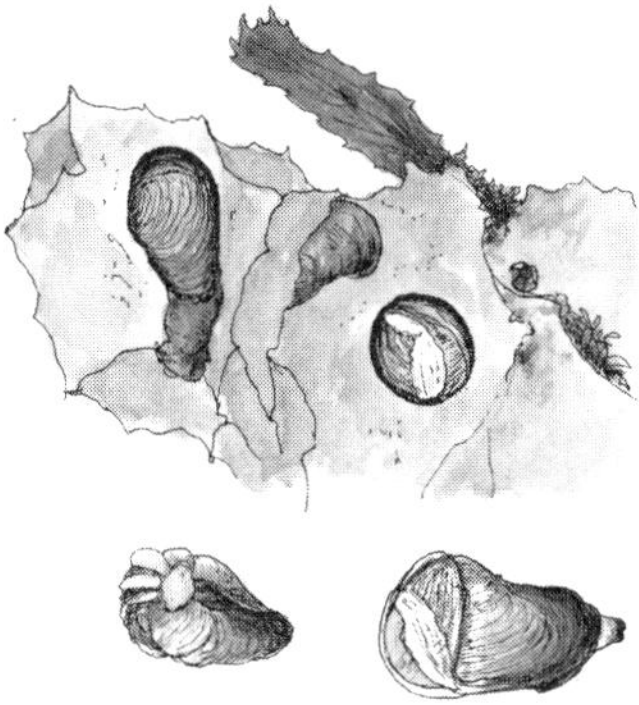

スズガイ

それとともに体も貝殻も大きくなって貝は穴の奥に収まることになるが、穴の入り口は小さいままだからもう一生外には出られない。もともと二枚貝はそんなにあちこち動き回るわけではないので、敵に襲われにくい穴暮らしも悪くないのかもしれない。でも油断は大敵。イシマテはおいしいので岩を砕いて採る人がある。三浦半島の岩は大昔の火山灰などが固まってできたものだからあまり固くないので、貝が穴を掘るにも、人がその穴を壊すにも好都合だ。死んだ穿孔貝が残した穴は小さな動物たちにとって絶好の隠れ家になる。実際、穴だらけの岩を持ち上げてよく見ると蟹やウニの子供、巻き貝の卵、苔虫などがたくさん見つかり、ナベカのような魚が入っていたりして上手に利用されているのがわかる。

海岸が隆起して陸地になっても、当時の海岸に並んでいた穿孔貝の穴はそのまま残っているから、そこが昔の海岸線、磯だったことがわかる。三浦市諸磯にある〝諸磯の隆起海岸〟はそういう場所の一つで地層観察の重要なポイントになっている。

32 船虫は磯の掃除屋

磯やその近くの岩に群がっている船虫《フナムシ》に驚く人は多い。ゴキブリと間違える人もいるけれど、進化の流れの中で節足動物が陸と海に分かれて昆虫類と甲殻類になったと考えれば、蝦蟹の仲間であるフナムシがゴキブリに似ているのは当然かもしれない。数十匹がかたまっていると襲ってきそうで怖がる人もいるが人には何の危害も与えず、近付くとすばやく逃げるので摑まえるのは難しい。彼らのほうがずっと人間を怖がっている。

フナムシは節で区切られた体に7対、14本の足を持ち、頭には目と触角があり尾は二股になっている。体長は最大約6㎝。脱皮を繰り返して大きくなる。半分だけ色が違う個体がいるのは脱皮の途中で、蟹と違って上半身と下半身を別々に脱ぎ替えるのだ。磯に住みながら鰓《えら》ではなく空気呼吸をしているため、長時間水に入っていることはない。すでに陸上動物になりかけていると言えるだろう。

フナムシの一日の動きを観察研究したところ、朝になると寝場所から餌場に向かって移動を始め、日暮れにはまた元の場所に帰ることがわかった。移動するときはいつも若い者が先で老成した個体は後から

フナムシ

ついていくという。餌場は海藻が生えた岩や打ち上げられた物が溜まっている場所で、海藻から死んだ魚までほとんど何でも食べている。まさに磯浜の掃除屋で、彼らがいなかったらゴミの片付けはもっと大変なことになるはずだ。バイオ技術でプラスチックを食べるフナムシを作ったら海岸のゴミがずっと減るかもしれないが、人が作り出して自然の中に放した動物が将来どんな影響をおよぼすかは想定しきれない。

フナムシをずっと小さくしたようなハマトビムシは1㎝以下の体でノミのように飛び跳ねる。打ち上げられて腐り始めた海藻をどけてみると無数のトビムシが跳ね回っている。彼らも海藻を食べて分解し、ゴミの解消に大きく役立っているのだ。

城ヶ島の西崎には「走り散る船虫時雨とや言わん」の句碑がある。俳人の目にはフナムシの群れが飛び散る雨を連想させるのだ。やはり感性の問題だと思う。

俳句は作らなくても彼らの行動をじっと観察してみれば、新しい発見があるかもしれない。

33 クラゲに変身するイソギンチャク

岩の上に花が咲いたようなイソギンチャク。その名は昔使われた金入れに似ているから。幾重にも並んだ触手で小魚などを捕らえ、中央の口に運ぶ。口の奥は袋のような腔腸で、食べ滓は口から排出される。口と肛門が別になるのは進化がもっと進んでからのことだ。袋の口を閉じた形は確かに巾着のようだが英語ではイソギンチャクをシーアネモネと言う。

磯でふつうに見られるのはヨロイイソギンチャク。潮が引くと口を閉じて2㎝ほどの茶色の塊になり指で押すと水を吹き出す。体の表面に砂粒をたくさん付けている様子を鎧に見立てて名が付いた。水に入ると茶色の触手を開く。ミドリイソギンチャクは開くと直径6㎝くらいになり緑色の体と桃色の触手が美しい。今では貴重種になったウメボシイソギンチャクは触手を閉じたときの姿から名がついた。梅干しよりすこし小さく鮮やかな赤色で、私は城ヶ島や江奈湾の近くの磯で確認している。

8月後半、水温が上がるとアンドンクラゲが出てくる。3㎝ほどの半透明で四角型の体から4本の赤い触手が伸びていて刺されるととて

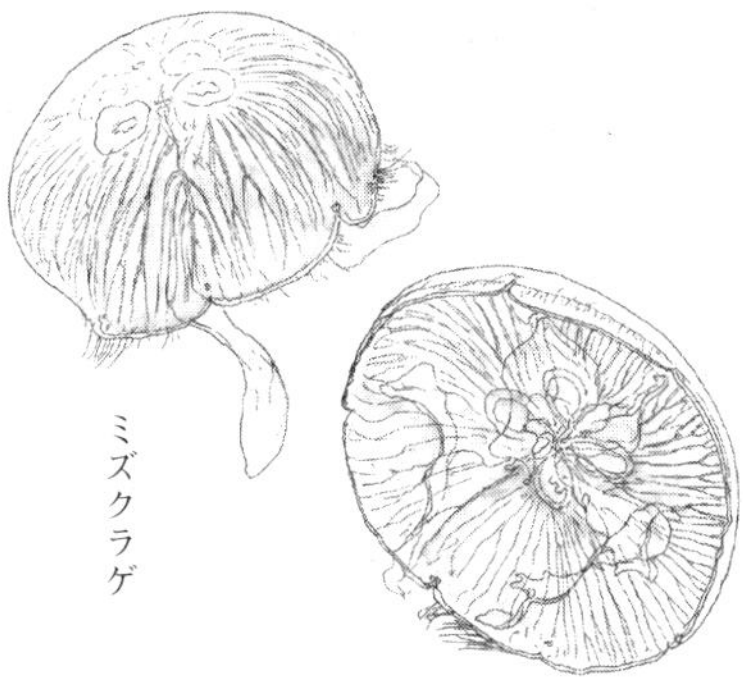

ミズクラゲ

も痒い。よく海岸に打ち上げられているのはミズクラゲ。寒天質の円盤状で大きいのは直径50㎝にもなるけれど毒は弱いので触っても刺されることはない。傘に赤い筋が入ったアカクラゲは直径約10㎝で長い触手を垂らしている。こちらは毒が強いので触れると危険だから死んでいても注意してほしい。

　前記のクラゲはどれも体の中央に口とそれに続く袋状の腸を持っている。口のまわりに触手があることもイソギンチャクと同じなので、どちらも腔腸動物と呼ばれている。生活のし方を見ても両者には接点が多く、南の海には泳がないでいつも砂の上に寝転んでいるサカサクラゲがおり、相模湾には付いている藻から離れて泳ぎ出すオヨギイソギンチャクがいる。さらに一つの種類が両方の生活を交互に繰り返していることもある。

　ミズクラゲの場合は泳いでいる雄と雌から受精卵が作られ、幼生は泳いだ後岩に付着し変態してポリプと呼ばれる細長いイソギンチャクのような形になる。やがてポリプにはたくさんのくびれができてその一片ずつが離れて泳ぎ出し、生長して大きなクラゲになる。

34 動けない動物はどう生きる

海には動けない〝動物〟がたくさんいる。動物と植物は基本的に、必要な養分を光合成で作り出せるか、それができずに餌を必要としているかで分けているので、どんな生活形態をしていても判定はこの基準に従うことになっている。だから「海綿《カイメン》は動物だから餌を食べている」のではなくて、餌を取り込んでいるから動物とされているのだ。

海綿は相模湾の深海からその辺の磯まで多くの種類が分布している。磯で目につくのはオレンジ色の突起が群生しているダイダイイソカイメンと、同じ様で黒いクロイソカイメン。どちらも表面を押すと柔らかで水がしみ出てくる。顕微鏡で見ると無数の骨片が組み合わさって体ができており、骨片の隙間には生きた細胞があって体表面から海水とともに流れ込んだ微細なプランクトンを捕らえている。体内に入った水は噴火口のような突起に開いている穴から出ていく仕組みだ。海岸に打ち上げられるザラカイメンは黄褐色で20㎝くらいになり、内部は空洞で下は岩に付いていた部分、上は水が出ていく穴になっている。子供たちに海綿を触らせると「スポンジみたい!」と言うが、スポンジは英語で海綿のことだ。

クロフジツボ

岩の上や隙間にはフジツボやカメノテがついている。フジツボは円錐形の殻に体が入っていて潮が引くとひたすらじっと静まっているが海水に入ると熊手のような手（蔓脚）をさかんに動かしてプランクトンを招き寄せる。雌雄同体なのに生殖のときには互いに管を伸ばして隣の家に精子を送り込む。カメノテは岩の割れ目にぎっしり並んでいて無理に引き抜いてみると確かに「亀の手」を思わせる形だ。数枚の細長い殻があってフジツボと同様蔓脚を持つ。流木に付く白い二枚貝のようなエボシガイも貝ではなくて同じ蔓脚類だ。

そのどれもが蝦や蟹と同じ甲殻類だと聞くと不思議に思われるかもしれない。その理由は子供時代の姿にある。フジツボやカメノテは卵からかえってしばらくはプランクトン生活をする。そのときの形は蝦やミジンコに近く海中をはねるようにして泳いでいる。やがて変態して岩に取り付くと殻を作り始め、そこが一生の住家になる。海辺の民宿でカメノテが入ったみそ汁に出会ったことがあれば味と香りから確かに蝦蟹の仲間だと納得できるだろう。

三浦半島で鳴く虫

35

皆さんがお住まいの地区では虫の音が聞こえますか。聞こえるならばどんな虫ですか。空き地の草むらや土手など、少し環境が整えば虫たちはすぐに住みついて、そのうちのあるものは特徴的な鳴き声を聞かせてくれる。

三浦半島で蝉以外に必ず聞ける虫の音はまず青松虫《アオマツムシ》だろう。日本原産ではなくて中国から入ったことがわかっており、今や関東から北へ生活の場を広げている。街路樹に付いて運ばれていくらしい。本来のマツムシは海辺の草原にいてチンチロリンと優しい声で鳴いていたが、このアオマツムシはもっぱら樹上が住み家で声は必ず枝の間から聞こえてくる。鳴き声はリーリーという高い連続音で、どこかの政治家のごとくリンリリンリと声高に繰り返すのを聞かされるといささか辟易してしまう。8月後半から9月まで日没後しばらくよく鳴く。スズムシの声も聞くことはあるが自然状態ではなく飼っているものが大部分だ。

草むらでは数種類の蟋蟀《コオロギ》が鳴く。中でも体が大きいエンマコオロギは、羽をこすり合わせて大きな音を出し、雌を呼ぶリリリリーという優しい声のほか闘争用のキリリリッという鋭い声を持つ。昆虫行動学者によれば蟋蟀にも方言があって、関東の雄が関東アクセントで関西の雌に愛をささやいても通じないそうだ。

小形のツヅレサセコオロギは草原や家の隅などでリーリーリー……と鳴き続ける。昔の人はその声を聞いて「冬に備えて衣服の破れに針を通して繕っておけ（つづれ刺せ）」と言っているように感じたのだろう。このほか平面的な顔をしたミツカドコオロギや木の洞に住む蟋蟀もいる。どの種類も雌の腹先には針のような産卵管があり、鳴くのは雄だけだ。鳴くと言っても発音器は羽か足にあるので口で歌っているわけではない。

私が子供の頃は葉山公園のあたりでマツムシが鳴き、秋になると毎夜家のまわりで虫たちの大合唱が聞こえた。ジーッチョンをくり返すウマオイや、チ、チ、……と微かな声で鳴き続けるカネタタキは今でもときたま聞くことがある。先日夜の草むらでひさしぶりにリューリューというカンタンの声を聞いて心が和んだ。人工音とは異質の〝癒しの音〟だった。

アオマツムシ

36 花は夜開く烏瓜

烏瓜《カラスウリ》の花を見たことがありますか。

晩秋の山路に提灯のような実をつけている様子を知っている人は多いけれど、花はあまり知られていないようだ。

地下の塊根から芽を出して夏の日盛りに長く蔓《つる》を伸ばしたカラスウリは、８月下旬から蕾を出して９月上旬に花の盛りを迎える。といっても開花は夜。夕闇が迫る頃、大きく膨らんだ蕾がしだいに開いて白い星型の花になり、その縁を囲む細い糸状の突起がほぐれて開き終えると直径８㎝ほどになる。月明りに浮かぶレースのような花はまことに幻想的で美しく、近づくとほのかにお白粉のような香りがある。花は午後８時ごろには全開して夜明け前には閉じてしまう。一つの花の命は一夜だけだ。

カラスウリは雌雄異株の植物で雄花が咲く雄株と雌花が咲く雌株があって、雄花は一か所に多数の蕾が集まっており、雌株は花の根元に膨らんだ子房をつけて一つずつ咲いている。スズメガなど夜行性の虫がきて雌花に花粉をつけてくれると実ができる。私の観察では株数も花の数も雄のほうがずっと多く、同じ雌雄異株のアオキやフキでも同様の現象が見られる。そのほうが子孫を残すのに有利なのだろう。夏の夜にたくさん花をつけたカラスウリに実がならないのを不思議に思う人は花の雌雄を調べてみるとよい。

三浦市には別種のキカラスウリも多い。「黄烏瓜」は名のように直径6㎝ほどの黄色い実をつける。花はカラスウリと似ているが、星型の先端が分れていて朝まで咲いている。キカラスウリの塊根からは、アセモの薬になる天花粉が作られた。

「宵待草」や「月見草」の呼び名もある待宵草《マツヨイグサ》の類も夜咲く花だ。三浦半島に多いのは花があまり大きくないアレチマツヨイグサ、花が小さくて葉の切れ込みが多いコマツヨイグサなどで、大輪の花をつけるオオマツヨイグサはなかなか見られない。どの種類も黄色で4枚の花弁が特徴的だ。

以前、「月見草を月面上で栽培したら全部下（月面）を向いてしまった」というギャグを考えたことがあったが、将来は実験で確かめられるかもしれない。

夜の花は都会のネオン街だけでなく、野山にも人知れず咲いている。

カラスウリ

37 稲が連れてきた水田雑草

ずっと昔大陸か南の島から稲が持ち込まれたとき、稲と一緒に生えていた草がついてきたことは容易に想像できる。まして果実や種子ならば気づかれることもなく混入していただろう。そしてそれらの植物は、いわゆる水田雑草になった。三浦半島の場合は……

〝ミニクワイ〟という感じのオモダカ。葉も花もクワイそっくりだが高さは30㎝どまりでクワイの半分もない。それでも泥の中の地下茎には小さな塊があって、やはり食べるクワイの形をしている。水田の草取りを免れた株が夏の盛りに白い可憐な花をつけている。俳句の季語になり紋章にも使われているから、人々によく知られ親しまれていたのだろう。

金魚鉢に浮かせるホテイアオイを小さくしたようなコナギ。ホテイアオイと違って葉の先は尖っている。花は夏、紫色で枝の途中にかたまって咲きそれなりに風情がある。

水に緑色の粒をまき散らしたようなウキクサは短い期間にどんどん殖えて水面を覆いつくし、そのために水温の上昇が妨げられて稲の育ちが悪くなるので農家には嫌われている。ウキクサは根無し草のように言われるけれど水中に垂れた数本の根を持っている。しかし根は水底に届いていないから風や水の動きに従ってさすらうことはあるだろう。水面にサンショウのような形の葉を広げるシダの一種サンショウモが見られることもある。

シャジクモの類が見られる場所もある。キンギョモに似た形で全体が水中にあり、茎の節から周囲へ伸びた小枝が車軸を思わせる。ふつうの水草のような花は持たず卵子や精子を作って殖える特殊な植物でいくつかの種類があり、私は葉山町の水田で見たことがある。三浦市毘沙門海岸に近い水田には以前ミズキンバイがあった。黄色の4弁花が咲いていればかなり目立つはずだが激減していて、現在三浦半島に残っているかどうかわからない。

田の中だけでなく畦に咲くムラサキサギゴケ、ヨメナ、タカサブロウなども稲とともにある植物だ。人工的な自然とはいえ、長い歴史の中で培われ保たれてきた稲作の場は、他の場所には見られない多くの動植物を共存させてきた。この貴重な環境がどんどん失われていくことはまことに残念だと思う。

オモダカ

38 三浦版・秋の七草

秋の七草といえば、「萩《ハギ》」、「尾花《オバナ》（薄）」、「葛《クズ》」、「撫子《ナデシコ》」、「女郎花《オミナエシ》」、「藤袴《フジバカマ》」、「朝貌《アサガオ》」、「桔梗《キキョウ》」を指すのが一般的だが、昔は身近にあったこれらの植物も成育の場が失われたりしてしだいに姿を消し、現在の三浦半島で野生状態が見られる種類はハギとススキとクズくらいになった。

そこで提案は「自分で選ぶ三浦の七草」。あなたのお好きな秋の花を選んでみてください。私なら、花が可憐で詩情があること、現在も三浦半島各地で見られること、人々に親しまれていることを条件に選ぶことにする。

右記の3種類は文句なく採用。ただ、野生のハギはマルバハギなどあまり目立たない種類なので栽培されるミヤギノハギなども含める。残り4種類に入れたいのは、逗子市の花にも選ばれているホトトギス、可憐な野菊の代表という感じのヨメナ、赤紫の花が美しいトネアザミ、赤まんまと言ってままごとに使われてきたイヌタデ。ヒガンバナは私の好きな花の一つだけれど嫌う人もいるので除外。セイタカアワダチソウは鮮やかに目立つが外来種で邪魔者にされたりするからこれも除

クズ

外。そのほか湿地に生えるツリフネソウやミゾソバ、土手などに見られるワレモコウ、海岸に咲くツワブキやイソギクも捨て難いけれど、どれも生える場所がかなり限られている。リンドウやナデシコも野生ではほとんど見られなくなってしまった。野山から消えた七草のメンバーは、お寺の庭で見られることが多いから訪ねてみるのもおもしろいだろう。

キクもバラもユリも一年中花屋に並んでいる現在、季節を感じることは難しくなっている。それだけに季節を守って花を見せてくれる野の草はますます貴重な存在になったと思う。三浦半島のどの市町でも、市街地をちょっと離れて山裾や田畑のまわり、川沿いなどを歩いてみれば多くの野の花に出会うことができる。小さな図鑑を手にそんな自然を訪ねて、ぜひ「あなたの七草」を選定してみてほしい。

ついでながら「秋のしちぐさ」というのは当面使わなくなった夏の衣類だそうだ。

39 山路を飾る秋の花と実

前節で秋の七草については述べたところで、三浦半島の山路の花や実をもう少しくわしく紹介してみよう。秋が深まるにつれて野山の花も次々に咲き変わり飽きることはない。

8月下旬、白いクサギの花や香りのよいセンニンソウが咲いて秋の訪れを知らせてくれる。伸びきったクズの葉陰には赤紫の花穂がゆれて花の香りはグレープジュースのようだ。

9月、林の下には茗荷のような葉を広げたヤブミョウガの白い花や青い実が並び、ヤブランが赤紫の小さな花の穂を伸ばしている。彼岸が近づくと忘れずに出現するヒガンバナの群がりで田畑の土手が赤く燃える。ヨメナの紫が目立つのもこの頃だ。

10月、日当たりのよい場所に咲くノコンギク。名と違い花は白に近い紫色でたくさんかたまって咲くのが特徴だ。同じ頃林縁の木の下に咲くヤマシロギクはノコンギクよりも背が高くて花は白い。根が猛毒のヤマトリカブトは三浦半島にもかなり生えているが紫色の花を見ることは珍しい。木陰に白い穂を見せるのはサラシナショウマやイヌショウマだ。秋に開花する木は葉の裏が白いシロダモ。雌雄異株で雄花

ホトトギス

は多数の雄しべが集まっている。その頃、一年前に咲いた雌花が赤い実になって黄色の花とともに見られるのが美しい。林の中ではヤツデが白い小さな花の塊をつけ、アオキの実が色づき始める。

10月後半、色とりどりの木の実が目を楽しませてくれる。鮮やかな紫色はムラサキシキブ。ピンクの実から赤い種子が覗くマユミ。黄色の仮種皮が裂けて赤い種子が出るツルウメモドキ。和菓子の鹿の子をそのまま赤くしたようなサネカズラ（美男かずら）。草の実では緑から黄、赤へと色を変えるカラスウリ。ところが山の木の実にも種類ごとに当たり年とはずれ年があって、たくさんの実をつけた翌年はほとんど実が成らなかったりする。

海岸には鮮やかな黄色の花が密集するイソギクや丸くて葉に艶があるツワブキが咲き、トベラの丸い実が割れて赤い種子が現れる。城ヶ島や荒崎、観音崎などがよい観察地だ。

11月に入ると花は終わりに近づき、咲き残るノコンギクやトネアザミに混じって黄色のヤクシソウやリュウノウギクが野菊の最後を締めくくる。見に行きませんか。

40 秋の海岸を飾る植物

夏の賑わいが去った海辺は静かな安らぎの場に戻り、半島各地に見られる海岸の崖や草地は春夏とは違う花や実で彩られる。代表的なものを季節を追ってご紹介してみよう。

夏の終わりから初秋にかけてハマカンゾウが咲く。真夏に咲くスカシユリに似ているが、葉は細長くて根元から生えている。花はオレンジ色、その日だけで咲き終える一日花だ。

1mほどの茎の先にタンポポのような黄色の花をいくつも開くハチジョウナも同じ頃咲く。八丈島に多いアシタバも1m以上に伸びて9月から開花する。5㎜ほどの花が集まって直径8㎝くらいの円盤をたくさん作るのでかなり目立つ。葉の長さも時には1m近くになり食用や薬用として栽培もされている。茎を切ると黄色い液が出てくるので毒々しい感じだが、それがアシタバの特徴だ。強い植物なので摘んでも翌日には葉が生えるという意味で名がついた。食べるなら春夏の頃の開き終えない若い葉がよい。

10月に入るとイソギクが咲く。その時期に海岸で黄色い塊を見つけたらたぶんイソギクだ。近寄ってみると花の塊がたくさん集まってい

イソギク

て、一つの塊に数十個の花が詰まっている。そのあたりは早春に咲くフキの花（フキノトウ）と同じ構造だ。虫眼鏡で見ると鮮やかな黄色の星型花がぎっしり並んでいて美しい。一株全体では何千個も花が咲いているわけだ。イソギクは三浦半島では普通種だが日本全体で見ても房総、三浦、伊豆半島だけしか見られない貴重な植物だ。他の地方にはそれぞれ別の種類が生えている。時折、黄色の花弁（舌状花）に囲まれたハナイソギクがあり、私は観音崎と荒崎で確認している。同じ頃ツワブキが咲く。黄色の花が美しいので庭にも植えられるけれど、もともと海岸の植物だ。固くて厚く艶がある葉で潮風に耐えており、ツワブキは「艶蕗」あるいは「強蕗」の意味だと言われている。桃色の綿毛をかぶった若い葉柄は煮て食べるとおいしい春の味だ。キャベツかレタスに似た葉で黄色の小さな花を密集させている植物はワダンという。晩秋にはトベラの黄色い実が裂けて赤い種子を出し、マルバシャリンバイが紺色の実をつける。

お勧めの観察場所は毘沙門海岸、城ヶ島、諸磯、黒崎、荒崎など。お出かけください。

41 ハミズハナミズという植物

「葉見ず花見ず」という植物がある。判じ物のようだが「彼岸花《ヒガンバナ》」のことだ。ヒガンバナにはたくさんの地方名があり、図鑑では「蔓珠《マンジュ》沙華《シャゲ》」が別名として認められている。

ヒガンバナは古く中国から渡来した。その理由は、稲と一緒に混入してきた、飢饉のとき球根を食べるため（有毒だが球根から採れる澱粉は水でさらせば食べられる）、または水田の畦に穴を開けるモグラを球根の毒で殺すため持ち込んだ、と諸説がある。人によく知られているのは9月後半、まさに彼岸に合わせるように咲く赤い花で、1本の茎の頂きに7個前後の花がつき、一つの花には6枚の花弁のような花被片がある。花は横を向いて開き中央部に束ねられた6本の雄しべと1本の雌しべの先が上向きに曲がる。鮮やかな花は咲いているうちに色あせて一つの花は数日で咲き終える。この植物は遺伝学でいう〝三倍体〟なので種子を実らせることができない。だから繁殖方法は球根の分割、移動しかないはずなのにそれが時折植えた覚えのない場所に生えてくるのはなぜなのか、私も不思議に思っている。土を移動したときに球根が運ばれるという説明はあるけれど、それだけでもなさそうだ。

花が咲き終えて枯れた茎が倒れる頃、根元から艶のある濃緑の葉が伸びてくる。葉はやがて30㎝ほどにまで生長し、冬から春まで陽光を浴びて光合成を行い、球根に養分を溜め込んで5月には枯れてしまう。その後は夏の休眠に入って9月に花茎を出す。したがって葉は自分の花を見られず花は自分の葉を見ることがない。葉見ず花見ずというわけだ。

同じヒガンバナ科で夏に橙赤色の花が咲くキツネノカミソリやピンク色のナツズイセンも花が終わると葉を伸ばす。初秋の土手に赤紫の花穂を見せるツルボも球根草で、春には葉だけが出て夏には枯れ9月頃には花茎が出てその根元に葉がついている。つまり年間に葉を2回、花を1回出すことになる。どうしてそんな生活パターンになったのだろうか。

ヒガンバナを植えるのを嫌がる人もいるが、有毒だといっても食べなければ問題ないので避ける理由はないはず。私はずっと前から庭に植えて楽しんでいる。ヒガンバナの仲間は花色が白、桃色、橙色などいろいろあり学名はリコリス、花屋ではネリネと呼ばれている。

ヒガンバナ

42 知られざるシダの生活

三浦半島はシダの種類が多いことで愛好家や研究者に知られている。神武寺や森戸渓谷の一帯は特に有名で、湿った沢沿いや林床が一面のシダに覆われている。シダは花を持たず胞子という粒で殖える植物だ。「羊歯《シダ》」と書かれるように細かいギザギザ（鋸歯）を持つ種類が多い。そのため一見同じように見えても違う種類だったりして素人には見分け難い。種類の同定（見定める）は全体の形のほか、葉の裏にできる胞子嚢《ほうしのう》（胞子が入った袋＝ソーラス）の形や地下茎の有無などを見て行われる。三浦半島の代表的なシダをご紹介しよう。

大型でよく目につくのがイノデとリョウメンシダ。両者とも葉は50㎝以上になる。イノデの葉は濃い緑色で1株に十数枚が輪のように並んでいる。葉の柄には茶色の鱗片が着いていて、その形や向きで専門家はさらに数種類に分けている。春先に株の中心部から伸びてくる葉が茶色の毛を被って猪の手のように見えることから名がついた。リョウメンシダは葉の表と裏が両面ともよく似ていることが名の起こりだ。葉の切れ込みはイノデより細かくて黄緑色に近い。ジュウモンジシダは30㎝ほどの葉の中軸から1回だけ左右に分枝が出るので葉の全

コモチシダ

形が十字架の形になっている。大きくはないが覚えやすい種類だ。

コモチシダは海岸近くに多い。葉の表面はレザー張りのような感じで鋸歯は他のシダより粗い。葉の裏側に胞子嚢を作るほか、表面に小さな葉片のような芽ができて、それが地面に落ちて根を出し新しい株になる。子供を作るからコモチシダで葉の長さは60㎝くらいだ。

ワラビは他のシダと違って日当たりのよい斜面を好む。地下茎で殖えるためイノデのような株にはならず、１本ずつ独立して生え茎の下部は直立して伸びた葉は１ｍ近くになる。葉が開く前なら食べられるけれど、それほどの量はなさそうだ。ゼンマイは山の木の下に生え、鋸葉がほとんどない独特の葉形ですぐにわかる。伸びる前の葉はいわゆるゼンマイ型に巻いていて茶色の綿毛をかぶっている。摘んでいる人も見掛けるがこれもそれほど多くはない。伸びて胞子をつける葉と、胞子をつけない葉があって前者は食感が悪く、鬼ゼンマイと言って食べないのがふつうだ。

三浦半島にはワラビよりもゼンマイのほうが多い。

43

秋の日和に鷹見の見物

バードウォッチングを趣味とする人の中には鳶《トビ》や鷹《タカ》などの猛禽類に憧れる人も多い。確かに鳥の王者とも言うべきあの貫禄ある姿は、飛んでいてもとまっていても十分な見応えだ。

三浦半島でおなじみの猛禽類と言えばトビ。あれだけ多いとウォッチャーにはあまり関心を持たれないが、以前我が家にステイしたイギリス人にとって家のまわりに大きな鳥がたくさんいることは驚きだったらしく、帰国後に送ってきた日本旅行記にはトビのことが堂々たる鳥として書かれていた。都会から葉山に来た人の中にも驚いて見ている人がいる。

我が家に近い峯山は長者ヶ崎の上、葉山町と横須賀市の境界にあって海抜１４０ｍ程度。尾根筋からは北に葉山町の山並み、南には三浦半島の西岸と相模湾を見渡せる。ここがタカを見るポイントになっていて10月頃には大勢のウォッチャーがやってくる。休日には十数人が望遠鏡やカメラを持って山道に並ぶこともある　ここで見られるタカはノスリ、ハイタカ、サシバなど。時にはオオタカやミサゴも姿を見せる。サシバはトビより小型で春に南方から渡ってくる夏鳥。日本で

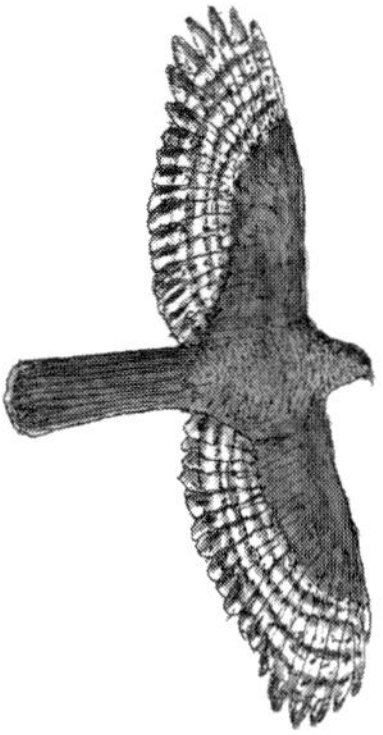

オオタカ

産卵と子育てを終えて秋には南の国へ渡っていく。10月がその時期で、各地で夏を過ごしたサシバがしだいに合流して南に向かう。愛知県の伊良湖岬は彼らの集結場所として知られており鷹見の見物人がタカと同じくらい集まるそうだ。タカは上昇気に乗って輪を措きながら帆翔（翼を動かさずに飛ぶ）するので、晴れて風穏やかな鷹日和が観察のチャンスになる。

トビと他の鷹類とを見分けるポイントは尾の形で、飛んでいるとき尾の両端が突き出て中央がへこんでいればトビ、尾の先端ラインが直線的か中央部が出ていればタカの一種だ。

鷹見の皆さんの中にはカメラやメモで記録をとっている人がある一方、タカを見るだけで楽しい人も多いようで、朝から夕方まで弁当持参でひたすら空を眺めている様子だ。楽屋の出口で人気タレントが出てくるのを待ち続けているファンと似ているようにも思えるけれど、秋の澄んだ空気の中で金もかけずに充実した時間を過ごせることはすばらしいと思う。今年もそんな季節になった。

台地は大根の名産地

44

三浦半島の地図を広げてみよう。つけ根に当たる逗子駅から城ヶ島までは直線距離で約18㎞。三浦の名の元になったと言われる東、南、西の海辺に囲まれて半島はほぼ南に伸びている。次第に道路や家が増え全体が都会化してきた半島の中で、耕地がいちばんまとまって残っているのは横須賀市と三浦市が接する高円坊一帯だろう。農業専用地域に定められているのでやたらに家が建つこともなく、台地の田園景観がよく保たれている。

武山丘陵の南に広がる畑の土は数万年前に降り積もった火山灰が主で、関東ロームと呼ばれる。そこに作られる大根、キャベツ、西瓜などは三浦名産として知られてきた。

秋、整地を終えた畑には大根が発芽して〝貝割れ〟が育つ。種子は数個ずつまとめて撒かれるので数株が一緒に育つから、よい株を残して間引くことになる。間引いた大根はもらえることが多いので、葉を炒めて食べるとおいしい。現在、台地で作られている大根はほとんど〝青首〟で、育つにつれて上にも下にも伸び、地上に出た部分は緑色を帯びてくる。大根の食べている部分が根なのか茎なのかはよくわか

ダイコン

らないそうで、光に当たって緑化する（葉緑素が出てくる）ことは茎にはあって根にはない性質なのだ。かといって掘り出して地上に置いても全体が緑になるわけではないからやはり下のほうは根なのだろうか。成長した大根は年明けから出荷される。

昔の三浦大根は太くて甘みがあり煮物によく使われた。それが栽培されなくなったのは、市場に出しても核家族の家庭には大きすぎる、持ち帰りに不便、調理しにくいなどの理由で売れないからだという。そういうわけで、三浦半島で「大根のような足」だと言われたら大いに喜んでよい。どの一本もスラリと形よく細長いから。

春、畑に残された大根が茎を伸ばし白い花をつけている様子は美しい。でもそこでできた種子が畑に撒かれることはたぶんない。虫が来て自然に受粉された種子にはどんな遺伝子が入ったかわからないので、それを撒いても今年と同じ大根ができるとは限らないのだ。農家は厳重な管理のもとで交配（掛け合わせ）受粉された種子を業者から買っている。

45 木の実は秋の味覚

自然の中で秋の味を探したらが何があるだろう。三浦で野生の茸料理を楽しむのは難しいけれど木の実ならある。アケビ、山栗《ヤマグリ》、椎《シイ》と数えればいくつもあるから探してみよう。

9月後半にはアケビが色づき始める。蔓《つる》から下がった実は緑から紫へ。一部が茶色になっていても中身は食べられる。一か所に2～3個、時には5つも付いているのは、春咲いた雌花の中心部にある数本の雌しべが受精して育ったものだ。外皮を押して軟らかになっていればもう食べ頃で割れて中身が見えていれば確実だが、すぐ鳥がやってきてつついてしまう。ちなみにアケビは「開く実」が転化した名だそうだ。食べられるのは中にある白い部分で、たくさんの黒い種子を含んでいる。種子と分けるのは無理だから全体を口に含むと上品な甘さが広がる。味を楽しんだ後の種子はその辺にばら撒けばよい。でも鳥や獣が食べる種子は動物の消化管を通って酵素の働きを受けないと発芽しにくいと聞く。観察会のとき、この種を撒いたら芽が出ますかと聞かれたので飲み込んで試してみてくださいと答えておいたが、実行されたかどうかはわからない。厚い果皮の部分は中に肉などを詰めて縛って

ミツバアケビ

から油で揚げたり味噌煮にする。ほろ苦い野生の味だと言うが私はまだ食べたことがない。この辺には葉が5枚に分かれる本物のアケビよりも3枚に分かれるミツバアケビが多く、両者の自然雑種ゴヨウアケビもよくある。実を食べるにはどれでも構わない。

ヤマグリは栽培品よりはかなり小さくてイガの中の種子も3個のうち中央の1個だけが大きかったりする。皮を剥くのも厄介だけれどやはり野生の味として捨て難い。ただ近頃はタイワンリスが来てかじってしまうから、どちらが早く手に入れるか競争だ。

シイには多くの種類があり三浦半島では大昔から山にあったスダジイに食べられる実がなる。小さなドングリ型の実で、他のドングリと違い帽子型の殻斗《かくと》（キャップ）ではなく種子を包む鞘が割れてドングリが現れる。生で食べてもけっこうおいしい。大きなドングリがなるマテバシイも各地に見られ、昔三浦の殿様が飢饉に備えて植えさせたと聞いている。

イチョウの雌株があれば銀杏を拾えるけれど、黄色い実を素手で扱うとかぶれて大変だ。

野菊の花はどんな色

46

皆さんがイメージされている野菊の花は何色だろうか。秋の野山で出会う〝野に咲く菊〟にはいろいろな種類があって三浦半島でも数種類が見られ、色も花の形もバラエティに富んでいる。季節を追ってみていくと……

8月の後半から花を見せる嫁菜《ヨメナ》は土手や田の畔などやや湿ったところに生え、花は直径3㎝ほどの紫色で一つひとつが離れて咲く。茎は直立しないで横に這っていることが多い。野菊のイメージにいちばんぴったりする花で、春先の芽生えは山菜として嫁菜飯に使われる。ヨメナに似て茎が直立し分かれた枝先に花が散らばって咲くのがユウガギク。漢字で書くと「柚香菊」で柚子の香りがあるという意味だが私には感じられない。9月から11月まで咲き続けるノコンギクは「野紺菊」の名に反して薄紫かほとんど白に近いこともある。日当たりのよい草むらなどによく生え、花が密集してにぎやかに咲いているのが特徴だ。林の縁など半日陰に茎を伸ばして、その先に白い花をまばらにつけているのはヤマシロギクで別名をシロヨメナと言う。花びらの数はノコンギクよりずっと少なくてさびしい感じがする。

ノコンギク

秋が深まると、海岸近くの山路に白いリュウノウギクが咲く。竜脳という香の匂いがするという名だが私にはよくわからない。葉の形が栽培されている菊に似ているのが特徴だ。同じ頃に咲くヤクシソウは黄色で、数個の花の下についている葉の形が薬師如来像の後ろについている光背に似ていることから名がついた。野菊の最後を飾る花だ。このほか海岸に多いツワブキも鮮やかな黄色で、大型の花を開いて海岸の崖を飾る。葉は丸くて厚く艶がある。

菊の花はどれもたくさんの小さな花の集合体で、多くの場合中心部に集まっている黄色の管状花（筒状花）とそのまわりに並ぶ舌状花でできている。それらの花の一つひとつはごく小さいが、それなりに、がく、花弁、雄しべ、雌しべと花の部分品が揃っているので植物学的には「花」なのだ。文中の〝花〟はこれらの集まりを指し、紫、白、黄色などの〝花弁〟は舌状花の色だ。タンポポは舌状花だけ、アザミは管状花だけが集まっている。

「野菊のような君」とはどんな人なのだろう。そういう人に出会ったことがありますか。

47 殖えすぎた“黄金の竿”

秋の半ば、人手の入らない河川敷や休耕地を黄色に染める背高泡立草《セイタカアワダチソウ》は北米から入ってきた多年草で、戦後、各地で大繁殖して急に目立つようになった。私が中学生だった頃、河原に咲いていたこの花を集めて花屋に持っていき、お礼に草花の鉢植えをもらったことを覚えている。それまで見たことのない鮮やかな黄色の花穂はとても印象的だった。

その後、この草は各地に大きな群落を作り、それが地元本来の植物を駆逐して生態系を乱すというので問題になった。生長がさかんで枝先いっぱいに花を付け無数の種子を飛ばすだけでなく、根から分泌される物質が他の植物の生長を妨げることも知られてきた。つまり周囲の植物を寄せ付けないのだ。三浦半島でもその様子はあちこちで観察された。

当然ながらアメリカでもこの花を見た。それは北西部のワシントン州だったが、川沿いや斜面につつましく咲いていて大群落は見られなかった。そこでは他の種類との競争があり、種類のバランスが保たれているのだろう。日本に競争相手や害虫がなかったのであれだけの繁殖を招いたと考えられる。英名はゴールデン・ロッドで「金色の棒か竿」の意味だ。嫌がられてはいないようでケンタッキー州の州花にもなっており、学名（属名）は「ソリダゴ」と言う。

日本で嫌われた理由の一つが花粉症の原因を疑われたことで、その後の研究で原因は豚草《ブタクサ》だったとわかったが、今なおこの花がブタクサだと思っている人もいる。ブタクサは１ｍ以下の大きさで細かく切れ込んだコスモスに似た葉を持ち、花は穂のように集まっており茶色の粒のようで咲いていても全然目立たない。北米原産でキク科植物なのは両者の共通点だ。

近頃、セイタカアワダチソウの〝黄害〟はひと頃よりも騒がれなくなった。確かに減っていると思う。大群落の中心部が枯れて〝デッドセンター〟を作っていることもある。これは、自分が出した生長阻害物質で自家中毒するためだそうで、人間社会の未来を暗示しているような現象だ。何事もやり過ぎ強すぎはよくない結果を招く。

ブタクサも減っていてあまり見られなくなった。代わって河川敷などに生い茂っているのが桑に似た葉で２ｍにもなるオオブタクサ。葉の形からクワモドキの別名を持つ。

セイタカアワダチソウ

48

敵があなたを支えてくれる

野山を歩くと一面の蔓《ツル》植物に覆われた木が目に入る。覆われた木はまことに気の毒でついには枯れてしまうこともある。だから絡みついた蔓はどんどん剥ぎ取ってしまったほうがよいと考える人が多いけれど、必ずしもそうとは言いきれない。

植物の集まりを群落と呼び、蔓植物に覆われた部分はマント群落という。フジ、アケビなどの木やクズ、カナムグラなどの草がマントのように木を包み込んでいる場所だ。生態学の研究によれば蔦《ツタ》のマントは森林を守る大切な働きをしていると言う。それはなぜか。

林の中では強い光や風が遮られ温度と湿度がほぼ一定に保たれている。暑い日でも林に入ると涼しいのはそのためだ。木が倒れて林に穴があいたり伐採で林に切断面ができたりすると、そこから外気や強い光が入って林内の安定した環境を乱し、その影響で木が枯れると傷口が周囲に広がっていく。そうなる前に蔓植物が育って木を包み込めば、それが傷を塞ぐかさぶたの役をするので傷口が広がらずに済む。こうしてマント群落は林の内部環境を守っているので、剥ぎ取ると林全体に悪影響が及ぶことになる。絡まれた木には大迷惑でも、森林全体の

カナムグラ

環境保護には必要なのだ。剥ぎ取る前にちょっと考えたほうがいい。
たくさんの木が隣り合って生えていれば、場所、日光、光、水や養分の奪い合いが起こる。中には日の目を見られずに枯れてしまうものもある。では隣り合う木を切り倒して1本を残せば、その木は自由に伸びてりっぱに育つだろうか。実際にはそうならないことが多い。前記のように周囲の支えをなくした木は強風を受け厳しい環境にさらされて枯れてしまうことがよくある。つまり競争相手であり敵だと思われていた周囲の木が同時に大切な支えにもなっていたということだ。実際、周囲より背の高い木の頂きが枯れていることは多い。
それは駅前の商店街に似ていると思う。飲食店など同業者が多くて客を取り合う状態をなくすため、他の店を潰して一軒だけになったら勝ち残った店のお客は増えるだろうか。歯が抜けたように空き家が日立つ商店街からは客足が遠のくだろう。たくさんの店が集まって作り出していた盛り場の賑わいが消えてしまうから。〝敵〟があなたを支えている。

49 鮮やかに装う木々

冬が近づくと落葉樹は葉を落とす準備を始める。葉柄の付け根に離層という仕切りができて、根から吸い上げられる水や肥料分が葉に届かなくなり、いつもは夜のうちに葉から出て行く糖分が移動できず葉に残ったままになる。そしてそのために起きる葉の内部の化学変化が葉の色を変えていく。11月下旬から12月上旬にかけて、常緑樹の緑が混じる三浦半島の紅葉は意外に美しい。私は葉山町上山口あたりの紅葉風景が好きだ。

葉の中には緑色の葉緑素のほかに黄色のカロチン系色素などさまざまな色の物質が含まれている。いつもは多量にある葉緑素の緑色が見えているが、葉の内部に変化がおきて葉緑素が壊れたりなくなったりするとカロチン系の黄色が見えてくる。黄色になる葉はこのタイプだ。三浦半島で黄色が目立つのはイチョウ、アカメガシワ、イヌビワ、カラスザンショウなど。ヤマイモの草紅葉も美しい。

葉の中に残された糖分などが変化して花の色と同じ赤い色素のアントシアンができると葉は橙色から赤に色づき、日光の当たり具合や温度、湿度などの条件が組み合わさって、一枝、一枚の葉の中にもさま

ツタ

ざまな色合いが生まれ自然のすばらしい芸術作品が出現する。このあたりの山で赤く色づくのはイロハカエデをはじめハゼノキ、ヌルデ、サクラなど。蔓物ではツタやノブドウやエビヅルがよく紅葉する。鮮やかとまではいかなくてもケヤキの赤褐色やクヌギ、コナラの茶褐色もなかなかいい。

厳しい冬に向けて多くの木が葉を落とすことは、寒さで葉がダメージを受けて木が弱るのを防ぐ効果がある。会社が厳しい状態になったとき、支店や人員を減らして切り抜けるようなものだ。とは言っても温暖な三浦半島ではかなりの木は葉をつけたまま冬を越す。人が住み着く前、このあたりの山はほとんど常緑樹で覆われていたと言われている。

やがて地面に散り敷いた紅葉や黄葉は時雨に遭って濡れ落ち葉になり、菌類の働きで分解されて土に帰っていく。分解されてできた物質は次に育つ植物の肥料として使われる。何億年の昔から自然が繰り返してきた完璧なリサイクルだ。

せっかく積もった落ち葉を取り除いてしまうと大切なリサイクルの輪を断ち切ることになる。

50 微妙に違うススキとオギ

昔から里人の大きな努力で作り続けられてきた水田は減反や後継者不足などのため減る一方だ。放棄された水田にはミゾソバ、ツリフネソウ、タデの類など湿地を好む草が生い茂って秋には可憐なお花畑ができたりするが、それも束の間、湿地はやがて芦《アシ》や荻《オギ》の群落に変わっていく。半島の各地でそのような状況を見ておられる方も多いはずだ。

アシは2mくらいになって茎の先に細かく分かれた穂をつける。オギよりも葉の幅が広く、巻いている若芽で葦笛を作った方もあるだろう。「悪し」という発音を嫌ってヨシと呼ぶことも多いから、芦田、芦原、吉田、吉原などの地名はアシが茂る湿地を指していたのだと思う。

廃田がオギに覆われることも多い。遠目にはススキに見えるほどよく似ているが、近づいて見ると次の点で違っている。オギは湿地や浅い水中に生え、ススキよりずっと背が高くなり穂もりっぱで大きい。ススキが1か所から多数の茎を伸ばして〝株立ち〟するのに対してオギは地下茎でふえるため1本ずつ直立している。いちばんはっきりした違いは、ススキの場合葉の下部が茎を包んでいて茎そのものは見えないのにオギは生長すると下のほうの葉が落ち茎が露出して竹のように見えることだ。時には両者が混在していることもあるけれど前記の点で見分けられるだろう。荻原、荻野、荻窪などはやはり湿地だった場所に違いない。

　そういう場所にはガマが生えていたりする。三浦半島ではコガマやヒメガマも含めて3種類が見られ、それぞれ穂の様子が違っている。ガマの穂は茶色の棒のようだがあれは雌花の集まりで、雄花はその上部、茎の先に近いほうに着いている。あの硬い穂も晩秋にはほぐれ始めて無数の種子が風に乗って飛んでいく。いわゆる「蒲《がま》の穂絮《ほわた》」だ。ガマも蒲原、蒲田、蒲郡などの地名に登場しているから、ご先祖様の時代から人々に馴染み深い植物だったことがわかる。

　アシやオギの全盛時代がいつまでも続くわけではない。枯れた茎や葉は腐って年ごとに積もり、湿地はしだいに乾いていく。そして〝ふつうの土地〟になった場所にはやがて木の種子が落ちて芽生え、その後百年も経てば立派な林に変わってしまうはずだ。

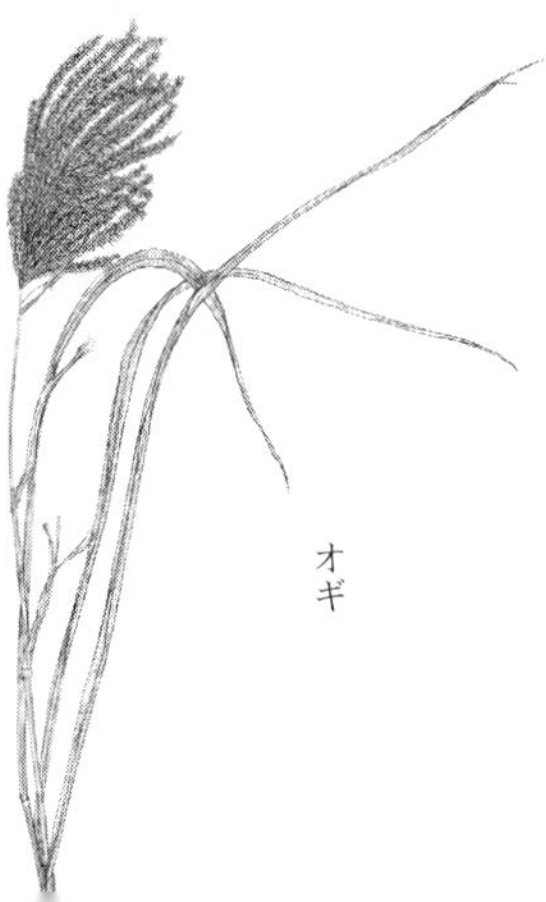

オギ

アシ

51

風任せあなた任せの種子の旅

秋は実りの季節。花を終えた草や木はさまざまな方法で種子を散布する。晩秋の野山を歩いて木の実や草の実の趣向を凝らした色や形に出会うのは楽しい。

風で飛ぶ種子では晩春のタンポポが知られているけれど秋にはさらに多く、同じように冠毛を持つススキ、アザミ、セイタカアワダチソウ、テイカカズラなどのほか、うすい皮膜をつけたヤマノイモ、アシタバ、ユリ類などの種子が飛ぶ。小春の微風に乗って湿地から旅立つオギやガマの種子は時に雪のごとく舞い散って人を驚かせる。海岸に多いクロマツも乾いた北風を受けて松傘を開き（松は4月末に開花し雌花が翌年の秋に成熟した松ぼっくりになる）、一つの鱗片から翼がついた2つの種子を飛ばす。

動物、特に鳥が食べて運ぶ種子は木の実に多く、赤や青など目立つ色で鳥が見つけやすいようになっていたりアケビのように甘く味付けされていたりする。アオキ、マユミ、クサギ、ツルウメモドキ、ガマズミ、ムラサキシキブ、トベラなど人の目に付く実は鳥にも好まれるようで運ばれた種子が庭によく芽を出してくる。

マユミ

動物の体について運ばれる種子も多い。草むらに入った後、衣服にびっしりついた種子を落とすのはなかなか大変だ。簡単に付着するのに落ちにくい訳はついてきた種子をルーペで見るとわかる。例えば小さなラグビーボールに棘を生やしたようなオナモミ類の実では棘の先が鉤《カギ》型に曲がっている。コセンダングサの棒状の実の先にある叉の部分には釣針のような〝返し〟がついている。そのほかヌスビトハギの半月形の種子やキンミズヒキ、イノコズチなどにも同じような仕組みが見られる。「〜のために」というのは科学的な説明ではないけれど造形の妙には感心させられてしまう。現在広く使われているマジックファスナーは付着する種子をヒントに生まれたと聞いている。

実が熟すと突然裂け、その勢いで種子を飛ばす植物もある。フジ、ゲンノショウコ、ツリフネソウなどがその例で、ツリフネソウの学名インパチェンスは「我慢できない」という意味だ。

52

山芋は両刀使い

秋が深まる頃、私が住んでいる葉山の山路にはたくさんの穴が開く。自然の味を求める人たちが山芋、正しくはヤマノイモを掘った跡だ。長い柄がついたのみのような道具で掘り進む穴は50㎝を越えることもあって大変な作業だけれど、掘り上げてみると、木の根などを避けながら懸命に芋を太らせた苦闘の様が感じられて芸術的とさえいえる仕上がりになっている。パイプに入れられて強制的にまっすぐ育てられる栽培品とは大違いだ。

ヤマノイモの花をご存知だろうか。時期は8月後半。ヤマノイモはイチョウやソテツと同じように雌雄異株で、雄株に雄花、雌株には雌花が咲く。どちらも葉の付け根から出た短い茎に10個ほどが群がって咲き、雄花は白い粒状、雌花はやや細長い。雄花はそのまま枯れ、雌花はやがて三つの稜を持つハート型の実になって、晩秋には茶色に変わり種子を飛ばす。一つの実に6個入っている種子はうすい飛膜を持ち風に乗って散布される。

そのヤマノイモにできる〝ムカゴ〟を食べた方は多いと思う。小さなジャガイモを思わせるあの粒は葉の付け根が瘤のように膨らんででで

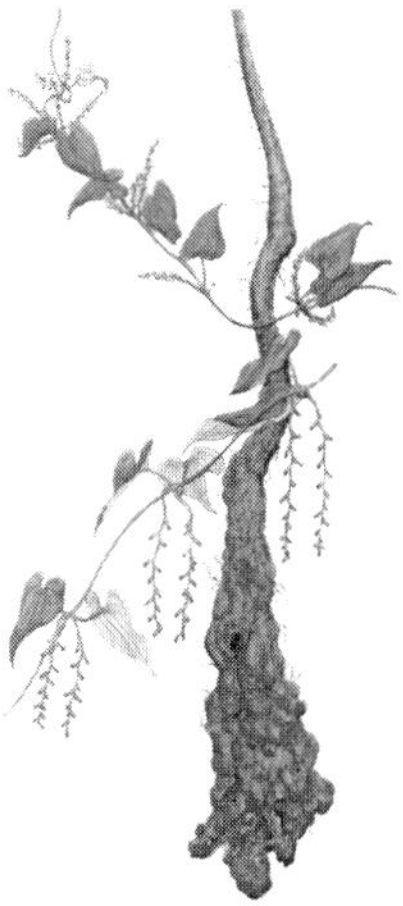

ヤマノイモ

きたもので、植物学では肉芽という。割ってみると中は白くて粘り気があり芋と同質だ。実際、ムカゴを撒けば根を出して発芽成長するので種子と同じ働きをしている。花とは関係なく雌雄どちらの株にもできる、性に関係しないいわゆる無性生殖だ。ヤマノイモは種子とムカゴの両方で殖えている。

山芋掘りに行く人はよく似た蔓草《ツル》トコロ（オニドコロ）に注意する必要がある。こちらもたいていヤマノイモと同じ場所に生えているが根は苦くて食用には適さない。見分け方は葉の生え方で、ヤマノイモは2枚が向かい合って生える対生、トコロは1枚ずつ生える互生。でも前者も向かい合う葉を欠いて1枚ずつ生えていることがある。葉の形はトコロのほうが幅が広くハート型に近い。花も実も似ているがトコロは緑黄色の花で実はやや細長い。トコロはムカゴを作らないので、ムカゴが付いていればヤマノイモだ。

ムカゴを取ろうとするとすぐ落ちてしまう。確実に集めるには傘がいい。逆さに開いて上の蔓を叩くとたくさん落ちてくる。自然の味覚ムカゴご飯、おいしいですね。

53 生態系の仕組み

地球の表面には陸地があり海や湖がありそれらを包み込む空気の層がある。そのような環境に支えられて、多くの生物が互いに密接な関係を保ちながら生きている。動物や植物が食べたり食べられたり競争したり助け合ったりしながら複雑に絡み合って全体が維持されている様子はまさに巨大なシステム（系）だと考えてよい。動植物相互の関わりを研究する生態学（エコロジー）では、このような見方で自然界を捉えそれを生態系という言葉で表している。南極には南極の、草原には草原の生態系があってそれぞれ異なる種類の動植物が生活しているわけで、金魚と水草が入った小さな水槽だって、それなりに一つの生態系を作っている。私たちが住む三浦半島ではどうなっているのだろうか。

世界各地の生態系を調べていくと共通するいくつかの法則が見えてくる。それは動植物が〝食う食われる〟の関係で鎖のように繋がっていること（それを食物連鎖と言う）。植物があり、それを食べる草食動物、さらにそれを餌とする肉食動物がいて上位のものほど数が少ないから全体がピラミッドのような図式になっていること。そして死んだ動物や落ち葉、枯木などを養分として分解し〝土に返す〟キノコや

蝉を捕えたコガネグモ

カビなどの「分解者」がいること。

三浦半島では、草地や山林の植物が葉に日光を受け光合成を行って水と二酸化炭素から澱粉を作り出す「生産者」、それを餌にするバッタや青虫などが「第一次消費者」、それらの動物を食べる小鳥やカマキリやクモなどが「第二次消費者」で、猛禽やタヌキのような大型の鳥獣が最上位を占めている。人間もたくさんいるが農業や漁業の皆さんも自分の体内で光合成を行って澱粉を作ることはできないから、生態系の中では全員が「消費者」だ。

生態系の底辺を支える植物がなくなれば、その上に乗るすべての動物も人も生きていかれない。

遥かな昔から三浦半島の自然は生産者（植物）、消費者（動物）、分解者（菌類）の微妙なバランスの上に保たれてきた。このバランスが崩れれば生態系は崩壊する。今も時折見掛ける鷹の姿は半島の自然がまだかなり健在であることを示している。猛禽類が生きているという事実は、それを支える動植物一式が揃っていることを示しているのだから。

半島は秋から春へ

54

肌を刺すような木枯らしが吹く東京の町を出て三浦半島の駅に降りると風が優しい。横須賀線の場合は逗子まで二つのトンネルを抜けて半島に入るので、いっそうその感が深い。東京より50〜80㎞南にあるだけでなく、三方を海に囲まれていることが温和な気候に大きく影響している。海水は温度が変わりにくいので陸上ほど低温にならず、その海につながる空気が陸の寒さを和らげている。夏は逆に海からの風が陸の熱気を運び去ってくれる。冬1月の平均気温は葉山で5.5度、三崎では6.8度で東京よりかなり高い。風車が回る三浦市は風が多いこともあって霜が降りることは少ない。冷たい季節風が吹く日でも城ヶ島の南側などは春のように暖かで、灯台の下では多肉植物のアロエが橙赤色の花の穂を並べている。南アフリカの植物だが、日本の冬にもよく適応しているようだ。

12月、年によっては山の紅葉が中旬まで残り、風が当たらないところではそのまま年を越すこともある。横須賀市秋谷では秋の花であるツワブキが春まで咲いている。マユミの実のピンク色も年末まで残っている。赤い種子はその前に落ちてしまうけれど。海岸の林ではマサ

アロエ

キが赤い実をつけ、朱色の種子をのぞかせている。

暖かい年ならヤブツバキもスイセンも11月末には咲き始め12月には各地で見られるようになる。城ヶ島のヤエズイセンは1月中旬から見頃を迎える。去年も12月にホトケノザやナズナ、1月にはオオイヌノフグリの花を見た。ハルノノゲシはほとんど一年中花をつけ、その脇には秋に咲くコセンダングサの黄色が残っている。ここでは季節が混ざり合う。

横須賀市子安あたりでは切り花用の菜の花が正月用に出荷される。三浦菜花という品種で一般にはハナナという。キンセンカやストックも同じ頃咲き始める。１９６０年代まで秋谷の南斜面は花の栽培がさかんで、冬から春にかけて色鮮やかな花の絨毯が広がっていた。後継者難などのため、その風景が見られなくなったのはまことに残念だ。

冬らしい冬が感じられない三浦半島も季節は確実に動き、日ごとに強まる日射しとともに春が近づいてくる。寒い季節は特に、温暖なこの地に住む幸せを感じる。

55 愛らしい冬鳥たち

私が住んでいる葉山町では、ここ数年の観察で約１００種類の野鳥が記録されており、三浦半島全域ではもっと多い。その中にはカラスやスズメのように1年中同じ場所で暮らしている留鳥、ツバメやオオルリのように春から秋までを日本で過ごす夏鳥、ツグミやジョウビタキのように秋から翌年の春までを日本で過ごす冬鳥、渡りの途中春と秋に日本を通過する旅鳥などがいる。ウグイスのように夏は山地で、冬は里で暮らす鳥は漂鳥という。

空の色が夏から秋に変わると、夏には見なかった鳥を見かけるようになる。庭先や公園には黒っぽい翼に白い紋をつけたジョウビタキ。スズメくらいの大きさで腹は赤茶色で美しい。我が家の小さな庭にきてくれるのは毎年同じ1羽のようで、姿を見るまでは元気でいるだろうかと気になってしまう。ツグミは雀よりかなり大きく翼は茶色で顔と腹は黒と白が入り混じっている。秋、大陸から大群でやってきて山を越えるとき霞網で一網打尽にされて焼き鳥になっていたが、今はもちろん禁猟だ。芝生などで餌を採っているときは一羽ずつ離れていることが多く、時々頭を高く持ち上げ胸を張って辺りを見回している。

ツグミ

ジョウビタキ

目の周囲の色はホオジロに似ている。

川や池には鴨がやってくる。三浦市の小松が池では餌が与えられるのでいろいろな種類を見ることができる。黒い顔に白い胸で尾羽が長く突き出たオナガガモ、茶色の頭にグレイと黒の羽を持つヒドリガモ、小形で赤茶色の顔、目のまわりから首に鮮やかな緑色が伸びるコガモなど。多くの鴨は雄が前記のような派手な色を持つ反面雌は茶色などの地味な色合いで、それが卵を抱く雌を敵の目から守るのに役立つと考えられている。

冬のあいだ各地の川は年中住んでいるカルガモに来客が加わって一層賑やかだ。愛鳥精神が行き渡ったのか、現在では川の中の鴨たちもあまりいじめられずにのんびりと冬を過ごしているように見える。それでも上空をトビなどの猛禽が通ると顔を傾けて見上げているのはやはり気になるからだろう。実際カルガモの雛はよくカラスに襲われる。

桜のつぼみが膨らむ頃、冬鳥たちは北の繁殖地を目指してひっそりと旅立っていく。

56 春の七草を見つけよう

春の七草は、セリ、ナズナ、オギョウ（ゴギョウ）、ハコベラ、ホトケノザ、スズナ、スズシロ、とされ、シーズンになると籠に入った寄せ植えがスーパーの食品売り場に並んだりする。昔は多くの人の身近にありふれた食材だったものがそれだけ手に入り難くなったということだろうが、三浦半島では今でも7種類すべてを自分で揃えることができる。

セリは湿地に生える草で香りがよい。夏には白い小さな花がかたまって咲く。流れの近くや湿地、水田の近くなどで採れるが栽培している場合もあるので注意したい。葉が伸びていれば年末から食べられる。有毒のドクゼリはずっと大型で三浦半島では見ていない。

ナズナは実が三味線のバチに似た形でペンペングサとも呼ばれ、12月から春まで花が咲いている。花茎が伸びる頃は固くなるから、食べるなら葉が地面に広がって、いわゆるロゼットになっているものがいいだろう。でもあまり食欲をそそるような葉ではない。

オギョウはハハコグサ（ホウコグサ）のことで、地面から20㎝ほどに伸び、黄色の小さい花が咲く。葉と茎に白い毛があるので全体が白

ナズナ

っぽい。高山に咲くエーデルワイスと近縁の植物だ。おいしいとは思えないが昔は人に知られた山菜だったのだろう。

ハコベラはハコベのことで私も戦時中や戦後の食糧難の時代にはよく食べた。今では小鳥の餌にする人が多い。小さな丸みのある葉と5枚（一見10枚）の花弁を持つ白い花。三浦半島では小型のコハコベ、大型のウシハコベなど数種類が見られ畑の近くに多い。

ホトケノザは春、耕す前の水田に多いキク科の草で図鑑にはタビラコ（コオニタビラコ）の名で載っている。「田平子」の名のように土に葉を広げて小さいタンポポのような黄色の花をつけ、葉にはタンポポのような切れ込みがある。水田以外にはほとんど生えていない。図鑑に出ているホトケノザはシソ科の植物で春に赤紫の小さな花が咲く。七草の仏の座がこの植物だった可能性がある、と湯浅浩史先生は書いておられた。スズナは蕪、スズシロは大根だとされ、三浦市を中心に栽培されるが異説もあるようだ。

昔は踏青《とうせい》という言葉があった。あなたも新春の自然の中で七草を探してみませんか。暖かい年には、年内から摘めるかも。

57 手つかずの自然とは？

〝手つかずの自然〟に憧れる人はかなりいるらしく、旅行パンフレットを見ると自然志向の旅のキャッチコピーにはよくこの言葉が使われている。手つかずの自然には当然道路もホテルもトイレもないのだから入り込むのは大変だけれど、それはさておき三浦半島にはそういう場所があるだろうか。ないに決まっていると言われれば確かにそうだが、それでも人が住む前の姿、生態学用語では極相林、手つかずの自然の片鱗はあちこちに残っている。そのような〝自然の姿〟はどのようにして出来上がったのだろうか。

生態学でいう「群落の遷移」がその過程を説明している。それは次のような筋書きだ。噴火で火山灰が積もったり川の氾濫で流域が土砂に埋め尽くされたりすると、植物が生えていない裸地ができる。そこには無数の種子が降り注ぎ、さっそく発芽するのはすばやく生長、開花、結実を終えて1年以内に一生を終えるエノコログサ、メヒシバなどの一年草だ。秋に発芽して翌年枯れるナズナやヒメジョオンなどは越年草と呼ばれる。

裸地にはヨモギ、ススキ、セイタカアワダチソウのような多年草も

ハゼノキ

発芽する。いずれも地上部分が枯れる冬は根が生き残って毎年そこから芽を出す植物だ。多年草は年ごとに株を広げて領土を確保するので一年草や越年草を駆逐して自分たちの時代を作り出す。

しかしそれも永くは続かない。そこには樹木の種子が発芽して伸び始めるからだ。幼木は草の隙間で細々と生き続けながらも、冬から春まで草が伸びないうちに光を受けて少しずつ背を伸ばし数年後には草丈を越える。木々の葉が広がると、その下になった草は光を得られなくなり、しだいに衰えて消滅する。こうして群落は草原から林に変わっていく。

最初に林を作る木はハゼノキやミズキなど生長が速い陽樹であることが多い。陽樹とは発芽と生長初期に多くの光を必要とする木で、暗い場所でも発芽し成長を始めるシイやタブなどは陰樹という。陽樹が林を作る頃、その下には陰樹が発芽してやがて陽樹に取って代わる。陽樹の種子は暗い林の下では発芽できない。こうして陰樹林ができるとその跡継ぎも陰樹だから群落は最終的な姿、極相林になる。半島の山は今その方向に向かっている。

58 もう春が始まっている

11月下旬、横須賀市の秋谷地区にある子安の里を歩いてみた。ちらほらと咲き始めている椿や水仙。土手にはオオイヌノフグリやホトケノザや菫まで可憐な花をつけていた。

これからが1年で最も寒い時期を迎えるのに、そこではもう春が始まっていた。これは異常気象のせいではなく毎年のことで、半島の気候がそれだけ温暖だということだろう。このような花は1月から3月に盛りを迎えるが、その頃には紹介したい花が多くなるから、一足早く説明しておこう。

まずヤブツバキ。庭木としても愛されているがもともと山に生えていた樹木で、人が住み着く前、三浦半島一帯が常緑広葉樹林だった頃から林の中に咲いていた。椿の仲間はサザンカのように花弁が1枚ずつ離れているのに、ヤブツバキでは花弁の付け根が癒着していてそのまま落下する。それを嫌う人もいるけれど散り敷いた花もなかなか美しい。種子から油を採ることはご存知のとおり。世界各地で栽培されて多くの品種ができた。

スイセンは古く中国から渡来したらしいが三浦半島では各地で栽培

され一部で野生化している。6枚の花被片は花弁に当たる内側3枚と萼《がく》に当たる外側3枚でできており、花の中央部には副冠と呼ばれる黄色の部分がある。八重や大輪など多くの品種がある中で私は清楚なニホンズイセンが好きだ。

オオイヌノフグリ（䆿丸）はヨーロッパから入ってきた帰化植物。地面に青い星を散らしたような可愛い花なのにこんな名が付いた訳は、実が二つの球形を合わせたような形をしているから。イギリスの図鑑にもちゃんと載っていて英名をペルシアンスピードウェルという。ホトケノザは仏の座のように向かい合った2枚の葉の付け根から蕾を出して赤紫の花が横向きに開く。これもヨーロッパから入った植物だ。

陽だまりの梅がほころび、フキノトウがほぐれ始めるのも、もうすぐだろう。

スイセン

59 富士山に沈む夕日

相模湾が見える地域にお住まいの方は西の山に沈む美しい夕日をご覧になったと思う。海の向こうには、北西から南西にかけて、丹沢、富士、箱根、伊豆半島の山並みが連なり、南には伊豆大島が見える。今日の夕日はどの辺りに沈むだろうか。

日の出と日の入りの時刻や方角が季節によって大きく異なることはご存知のとおりだ。東京周辺では12月22日頃の冬至の日没はほぼ4時半、6月22日頃の夏至の日は7時頃で毎日だいたい1分ずつ変わり冬至と夏至の頃はあまり変わらない。半島から見ると冬至には伊豆天城山、夏至には丹沢に沈み、年に2回富士山頂に沈む日がある。その日は場所によって違い（東西に並ぶ地点ではどこも同じ）、葉山では4月10日頃と9月2日頃だ。半島北部の逗子では春は数日早く秋は数日遅くなり、南部の三浦市では逆に春は遅く秋は早くなる。私は小網代湾で8月15日に撮った富士山頂落日の写真を持っている。自分のところで何日になるかは、その場所と富士山を地図上で結んで見れば見当がつくだろう。

太陽も月も出るときは右上へ沈むときは右下へ動く。赤道では垂直

富士山に沈む夕日

に出入りし、極に近づくほど斜めになって極付近ではほぼ水平にぐるぐる回るようになるから長いあいだ白夜や闇夜が続く時期もある。そのあたりの理屈は地球儀などを使えば理解できるかと思う。

私の家は相模湾に面した高台にあるので晴れていれば夕日が見える。雲の状態など気象状況によって夕日の表情も千変万化だから、何度見ても見飽きることがない。太陽の端が山の稜線に触れてから沈み終えるまでの時間を人に聞いてみるとじつにさまざまなので、我が家で計ったことも度々ある。正解は2分50秒前後。富士山の南斜面に沈むときはすこし短く、北斜面のときはすこし長くかかる。その理由はこの文章から考えてください。山に沈むのだから当然、公表された日没の時刻よりは数分から十数分早くなるわけだ。

徳富蘆花の「相模灘の落日」は確かに名文だが文は書かなくても無料で見られる落日のドラマを見逃す手はない。毎年4月と9月に湘南国際村で行われる「夕日を見る会」にはカメラマンなどがたくさん集まるが、雲が多い時期なのでなかなか日没が見られず残念だ。

60

貴重動物の宝庫、相模湾

三浦半島の西に広がる相模湾は切れ込んだ谷が深く入り込んだ複雑な海底地形になっていて、深海域に生息する独特の動物は世界の海洋学者にも知られている。

海底谷の深さは1000mを越え、深海を移動する水がこの谷の斜面に当たって上昇するからいわゆる湧昇流ができる。この流れは海底に降り積もった物質を捲き上げて運ぶので、それを養分として植物プランクトンが育ち、それを餌にして動物プランクトンが増える。それを小魚が食べ、小魚を大型の魚が食べるという豊かな食物連鎖ができている。

そういう海底深くに生きているガラス海綿《カイメン》の一種皆老同穴《カイロウドウケツ》は本当にガラスで作ったような網目状でコップ型の体を持ち、しばしば小さな蝦を体内の空洞に住まわせている。ドウケツエビと言って長さ1～2㎝。「皆老同穴」の名は雌雄の蝦《エビ》が一生同じ海綿の体内で過ごすことからつけられた。蝦の生活が海綿の名になったわけだ。人間の世界では同穴で過ごしたくないカップルも多いから、蝦のほうが深く契っているのかもしれない。コップに長い柄をつけたようなホッスガイも同じ仲間の動物で砂泥から立ち上がっている。

オキナエビス

オキナエビスも深いところで発見された。一見ふつうの巻き貝のようだが殻の入り口に切れ込みがあり、それが大昔に栄えた貝の特徴をとどめているので〝生きた化石〟と言われる。入手が難しく採った人が高価で売ったので長者貝とも言う。橙赤色の縞模様で美しい。

世界最大のタカアシガニも深海動物で鋏を広げると3ｍにもなり食用にされている。このほか、タコ、蝦、イソギンチャクなどにも深海性の珍しい種類が発見されている。

深海底の動物は網などを下ろして曳くドレッジ採集で発見されて来たが、現在では深海潜水艇が直接海底に達して撮影や採集をするようになった。今後も新しい発見が楽しみだ。深海だけではない。かつてアメリカの生物学者モースは日本滞在中に江ノ島で調査を行い、砂泥地に住むシャミセンガイを採集している。三味線の形に似たその〝貝〟は貝類ではなくて腕足類という特殊なグループに属し、今はまったく見られないものだ。

葉山のしおさい博物館や江ノ島水族館に深海生物の展示があるので行ってみてほしい。

61 幻想的な夜潮の世界

三浦半島の潮の干満を調べると、春から夏にかけては昼間の引き潮が大きく、秋から冬には夜中の引き潮が大きいことはすでに述べた（16頁参照）。冬の夜、懐中電灯やカンテラを持って磯へタマ（スガイやクボガイ）などを採りに行くことを「夜潮に行く」と言い、私が住んでいる葉山でも地元の人がよく出かけていく。潮がよく引く大潮は新月と満月の前後で、月が見えない新月の頃のほうが獲物が多いと言われるけれど、夜景が美しいのはやはり満月の頃だ。

真冬の満月は夏の太陽と同じように空の真上近くを通っていくので夏の満月よりずっと光が強い。目がよい人なら新聞が読めるくらいの明るさだ。強い月光に照らされた磯には岩の上で海藻を食べている巻貝、触手をノビノビと広げたイソギンチャク、水中では口のまわりの触手を動かして餌を含む砂を集めているナマコなどさまざまな動物が活動している。鳥などの天敵に狙われない夜は安心して活動できるのだろう。潮溜まりをライトで照らすと小さな蝦の目が宝石のように光っていたりする。タコが見つかることもある。

海の中では季節が陸上より2～3か月早く進んでいる。ワカメやヒ

ミドリイソギンチャク

ジキの新芽が育ち始める真冬の磯は陸上の春を思わせる景観になり、産卵のためにやってきたアメフラシは近づく春（磯の夏）を感じさせてくれる。背中に八枚の殻が並ぶヒザラガイは夜行性で、昼間は岩の窪みでじっとしているが、夜になると岩の上を這い回って海藻などを食べる。翌朝には前の場所に戻っていると言われているので、剣崎の近くで15個の背中にペンキで印をつけて調べたことがある。昼間、その夜、次の朝とそれぞれの居場所を追跡してみたところ、夜中には昼間いた場所から2～3mのところまで出かけており、翌朝にはたいてい前日いた場所から50㎝くらいの範囲に戻っていることがわかったが、中にはどこに行ったのか見つからない個体もあって、せっかくマーキングしたカイがないという結果になった。

雪をかぶった富士とその両側に続く青い山脈（丹沢、箱根、伊豆半島）が月光に映え、江ノ島灯台の向こうに国道沿いの光の列がゆらいで見える満月の磯は寒さも忘れるほど幻想的で美しい。

皆さんもしっかり防寒の用意をして一度出かけられてはいかがですか。

62 冬の海に育つ海藻

海藻の生育は水温に左右され、北の海には大型の褐藻、南の海には小型の緑藻が多い。三浦の海は黒潮と親潮の影響をともに受けるため魚も海藻もバラエティに富んでいる。この辺で珍しくないワカメは沖縄には生えていないし、夏の磯で見るイワヅタの類は北の海では育たない。海藻の中には1年中生えている種類と限られた季節だけ見られるものがある。冬には冬の海藻があって、春に向けて海の中はしだいに賑やかになっていく。

葉山で見ていると夏から秋に芽生えたアカモクがどんどん大きくなって年末には、10ｍを越す。この辺では最大の海藻で私は15ｍのものを採ったことがある。モクという名はホンダワラの仲間を表している。葉山には、10種類以上のモクがあるけれど、ホンダワラは少ない。枝についている丸い粒は体を水面に浮かせる役をしていて内部には窒素などの気体が入っている。この浮き袋の形や付き方もモクを見分ける大切な手掛かりになる。

ハバノリも冬場に育つ。潮間帯（潮が満干する部分）の上部に生える茶色の海藻（褐藻）で細長い葉状体が群生する。長さ、10㎝くらい

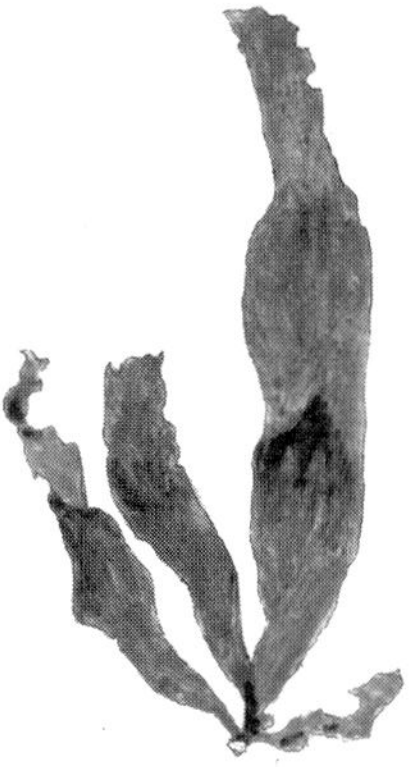
ハバノリ

ホンダワラ

で粘り気は少ない。ところが以前はたくさんあったハバノリがとても減っていてほとんど見られない年もあった。でも最近はまた少し増えているようだ。干潮時に採取され、刻んで紙を梳くときのように四角の木枠に流し込んで海苔のように干し上げる。軽くあぶって揉んでご飯にかけると香ばしい磯の香りが立つ。三崎あたりで売っているけれど、今では海苔よりずっと高価になってしまった。

青海苔も冬がいい。海よりも汽水（半海水）が好きで、河口や淡水が混ざる潮溜まりによく生える。緑色で種類によっては30㎝にもなる。これも干してからあぶって揉んで振り掛けると磯の香りが楽しい。春まで生えているが成熟すると細胞が胞子（泳げるので遊走子という）に変わって抜け出して行くので、藻体は先端から白く枯れてしまう。

焼海苔の原料になる海藻はアサクサノリやスサビノリなどで、三浦半島でも養殖され冬収穫される。同じ仲間のマルバアマノリも冬の磯に生え干潮時には焼海苔の色になっている。いわゆる岩海苔で長さ5㎝以下、おいしいが小さいから加工して干し上げるのは大変だ。

63 枯れた木の枝に誰かの顔

冬のあいだ葉を落とす木は、葉が枝から離れる前に離層という仕切りを作る。離層によって葉と枝相互の物質移動ができなくなると葉の中に変化が起きて紅葉や黄葉が進み始める。離層は落葉の傷口を守るかさぶたのようなものだ。枝先に作られた冬芽はさまざまな仕組みで幼い芽を寒さから守っている。枯れ木の山でそれらの造形に出会うのは楽しい。でも小さいから観察にはルーペがあると便利だろう。

三浦半島の山林は薪炭林として利用されてきた場所が多いから落葉する木が多く、さまざまな冬芽が見られ、柳のように硬い革質のカバーで守られているもの、モクレンのように暖かそうな毛皮に包まれているものなどそのデザインは変化に富んでいる。

冬芽の近くには落ち葉が落ちた跡が並んでいる。よく見ると、葉に水分などが送られていた管の束、維管束の跡が左右二か所あって目のように見え、動物か人の顔を連想させる。トチノキは猿、オニグルミは羊、カラスザンショウはピエロ、ネムノキは誰の顔だろう。心当たりはありませんか。桜の冬芽は大きいほうが花芽で小さく尖っているのは葉になる芽だ。

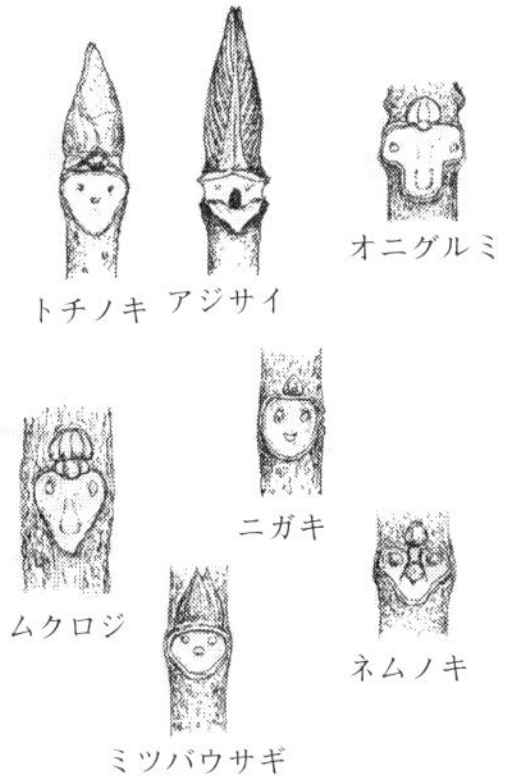

動物や人の顔を連想させる冬芽と葉痕

真冬の地面には秋に芽生えた草がじっと寒さに耐えている。霜が降りたりするのに茎を立てていたら大きなダメージを受けるから、寒さがやわらぐまではピッタリと地面に葉を広げて過ごす。葉の重なりがバラの花のようにも見えるので、そのような冬越しの姿をロゼットと呼ぶ。この辺では、ハルジオン、ヒメジョオン、ナズナ、アレチマツヨイグサなどのロゼットを見ることができる。葉が赤くなっていて美しいこともある。それぞれの形が違うから種類の見当はつくけれど、札を立てて花が咲くまで観察すればさらに確実だ。以前私が追跡調査した結果では、ロゼットのまま枯れてしまう場合がかなり多い。生き残った株だけが茎を伸ばして花をつけるのだ。2月の後半には春を待ちきれないようにアジサイやニワトコの芽がほぐれだす。その一方で5月頃になってやっと芽を覚ますネムノキもある。ネムノキの類はほとんどが熱帯の植物だから十分な温度が必要なのだろう。

もうすぐ春。半島の季節は確実に動き続けている。

64 雄花から咲くフキノトウ

1月も下旬になると日溜りにフキノトウを見かけることがある。フキは多年草で地下茎を伸ばして増え、早春の頃丸い花芽が膨らんで、蕾の集まりを包む包葉が開くと小さな花が現れる。その花芽がフキノトウだ。

フキは雄株と雌株を持つ雌雄異株の植物で、雄株に雄花、雌株に雌花が咲く。このような植物はイチョウやソテツのほかキーウイフルーツ、カラスウリ、アオキなどかなり多い。

フキの場合、まず花を開くのは雄株で、フキノトウの内部をよく見ると星型で黄白色の小さな花が集まっている。ルーペで見るととてもきれいで、一つのフキノトウに３００個を超える花が入っていることがわかるだろう。雄花は花粉を飛ばせば役を終えたわけで、そのまま黒くなって枯れてしまう。２月の後半になると雌花も咲き始める。近づいてみると雄花と様子が違い、短い糸を束ねたような花が集まっている。ふつうは白だが赤みを帯びていることもある。花を終えた雌株の茎はその後40㎝以上に伸びて、タンポポのような毛がついた種子を飛ばす。４月頃そんな姿を見た方もあると思う。私が見るところでは

フキノトウ

雄株のほうがずっと多い。ホロ苦い味に差はなさそうなので、食べるには雌雄どちらでもかまわない。いずれにしても食べるなら花が開き始める前がいいだろう。

フキのように雄が先に成熟する現象は他の植物や動物にも見られ雄性先熟と呼ばれる。雌雄同時に成熟したほうが繁殖に有利だと思えるのに、成熟の時期がずれていたり雄の花粉や精子の数が雌の卵細胞に比べて圧倒的に多いことは、それが進化の中で何かしら生き残りに有利な条件だったことを示している。雌はいつも大勢の雄に囲まれているほうがいいのだろうか。

土手や空き地でフキノトウを見つけても地の所有者が保護管理していたり、時には出荷している場合もあるので採るときはまわりの状況によく注意してほしい。楽しいはずの摘み草や山菜採りがトラブルの原因になったのではまことに残念だから。

この春は食べる前によく観察して、自然の芸術品フキノトウを再発見してみてはいかが。

三浦半島の成り立ち

65

三浦半島の地図を広げてみよう。北側の大部分は北西から南東に伸び、その南はほぼ南北方向に三崎から城ヶ島へ続いている。海岸線には砂浜と磯が交互に並び、小網代から剣崎周辺まではたくさんの湾入を持つリアス式海岸になっている。東京湾側には下浦の長いビーチがある。久里浜から北はほとんど埋め立てられて自然の海岸線は見られないが、昔は静かな入り江や小島が点在していたはずだ。陸地を見ると逗子葉山から横須賀市にかけて半島最高峰（242m）を囲んで海抜200mくらいの丘陵が連なっていて、その南は海抜30m前後の台地が広がって海岸の崖に続いている。こういう地形はいつ頃どのようにしてできたのだろうか。地質学者の研究によって解明された半島誕生の歴史は次のようなものだ。

今から約2500万年前、新生代第三紀の頃、太平洋側の海底火山が激しく噴火して海底に火山灰などの噴出物を降らせ、それが次々に圧縮され岩になった。その後の地殻変動で海底は押し上げられて陸になり、地表では雨水や流水による浸食が進んで地層の上部は削り取られた。その後温暖な時代になると海面が上昇して陸地はまた海底にな

城ヶ島西崎の磯

り、その上に再び砂泥などが堆積し固まって岩になった。氷河期が来ると海面はまた下がって陸化が進み、このようなことがくり返されて、1万年前には現在の三浦半島の形がほぼ出来上がった。

この学説を裏付ける場所は逗子市の南端にある「鎧褶の不整合」や、長者ヶ崎の崖に見られる「逆断層」のほか、宮川湾の近くや荒崎の地層が圧力を受けてできた「褶曲」など半島各地に見られる。水平に積もってできたはずの地層が隆起するときに傾くと垂直に近くなることもある。地層の白っぽい部分は火山活動が弱い時代に積もった砂よりも細かい粒の集まりで柔らかいため浸食されやすく、黒い部分は激しい噴火の時代に飛んできたやや大きな堅い粒でできているのであまり浸食されずに残った。城ヶ島西端、荒崎の磯、葉山町の小磯などでその様子が観察できる。地層にひびが入って食い違った断層は各地に多い。

三浦半島では数本の活断層が知られている。それがいつ動くかはまだわからない。〝大地のように動かない〟三浦半島は私たちの生活を載せたまま今も動き続けている。

66 三浦半島の里山事情

里山を守れ、という話は日本の至るところにある。三浦半島ではどうなっているのだろうか。

里山とは「人里近くにあって人々の生活と結び付いた山・森林」（『広辞苑』）のことだが、田園地帯や風景を含めて言うことも多い。1960年頃までは台地の畑、低地や谷戸の水田、斜面の花畑や果樹園を囲む雑木林など、半島のどこにでものどかな里山風景が広がっていた。それらはずっと昔から人々が営々として築き上げ守り続けてきたものだった。お爺さんが柴刈りをした山も、ゴルフ場になって管理のお爺さんが芝を刈っていたりする。

植物の生態学的な調査から、半島の自然林は常緑広葉樹林だったことがわかっている。つまり葉を付けたまま冬を過ごす、針葉樹以外の木が森を作っていたのだ。具体的に言うとタブノキ、スダジイ、モチノキ、シロダモ、ヤツデ、アオキ……その中に必ずヤブツバキが混じっていて、このような林が神奈川県の海抜700mあたりまで一面に続いていた。このような木の葉は艶があって光をよく反射するので照葉樹とも呼ばれる。

タブノキ

そこに住み着いた人々は村落を作り、周囲の自然を自分たちの使いやすい形に変えていった。その一つが樹木の変更で、それまで生えていた木を伐ったり焼いたりした跡に、ヤマザクラやオオシマザクラ、ドングリがなるクヌギやコナラなどを育て、それらは20年ほど経つと伐られて薪炭材料になった。そして伐り株から成長した枝がまた同じように使われて見事なリサイクルが続けられてきた。山路を歩くと根元から数本の枝が生えて〝株立ち〟している木が多く、その株が何回か成長と伐採を繰り返されてきたことがわかる。

石油燃料が普及してから薪炭林は用がなくなり、現在はいたずらに大きくなった木に枯れたり倒れたりする株もあって、その跡には自然林の木々が育っている。半島の各所で、落葉する〝雑木〟と常緑樹の混生が見られるのはそのためだ。人々が管理し生活に役立ててきた里山は人の手を離れて大昔の姿に戻りつつある。山林に囲まれた水田は蛙やメダカ、トンボやゲンゴロウなどたくさんの動物を育んでいた。減反や後継者不足のために半島の水田は毎年少なくなっていく。残念でならない。放棄された田畑は10年もたたないうちに笹の原になる。

67 私に「自然」を教えてくれた磯

私は東京生まれで6歳まで品川で育った。当時、幼稚園に行くのはごく限られた階層の子供だけだったから、一日中、家のまわりで近所の子と遊び回っていた。4～5歳になると小児科医の祖父が持っていた逗子新宿の別荘によく連れて行ってもらった。海までは歩いて15分。行き先は逗子湾の北側に広がる浪子不動の磯で、一緒に行ってた祖母の目的はタマ（スガイやイシダダミなどの小さな巻き貝）を採ること。私も手伝って、帰宅してから茹でたのを食べるのが楽しみだった。それは70年以上過ぎた現在も、毎年の楽しみになっている。

磯にはほかにもさまざまな動物がいた。殻の直径が5㎝以上あるムラサキウニ、磯の魚、20㎝もあるアメフラシ、たくさんの蝦や蟹など。私は貝採りよりも多彩な動物に目を奪われ、掴まえようとして苦心するうちに相手の行動様式を理解していった。何とバラエティに溢れたふしぎな世界！　ヒトデの体からたくさんの管足が出て動くのを見たり、アメフラシを踏みつけ放出された液で足が赤くなって足が腐ってしまうのではないかと密かに心配したこともあった。蟹に挟まれない掴み方も自然に会得した。狩猟や漁労で食物を得ていた先住民族の皆

徳富蘆花の「不如帰」の
石碑の建つ逗子海岸

さんと同じ方法で、私の知識や理解は深まっていった。今思い出しても、私に動物世界の面白さを教え、そこに導いてくれた原点は逗子での磯体験だった思う。

海藻に興味を持ったのはかなり後、大学に入ってからだった。東京オリンピックの時、海岸に自動車道路ができて磯はかなり狭くなり、動物の数も大きさもずっと減ってしまったがまだかなり見ることはできる。「不如帰」の碑が立つ磯は今でも親子連れのよい遊び場だ。昼の潮がよく引く3月から9月の大潮の頃は、自然に親しむ場として大いに活用してほしい。

1940年代後半私は中学生で、逗子のやはり新宿に住んでいたことがある。戦後数年が過ぎ最低限の食べ物が何とか確保できるようになった時代、すべての物事が激しく変わり始める前のことだった。磯にはまだ多くの動物がいて潮が上がるまで相手をしてくれ、山では木の上に板を引っ張り上げて居場所を作って樹上で、鳴く雨蛙の声を聞きながら読書を楽しんだ。当時いつも身近にあった野山や磯は、私をますます自然の中へ誘い込んでくれた。

68 海辺で住む鳥、過ごす鳥

三浦半島を取り巻く海岸の岩場や砂浜には多くの鳥が見られ、その中には1年中住んでいる留鳥と冬を過ごすだけの冬鳥がいるほか、長い渡りの途中で羽を休める旅鳥もいる。

海岸で最も目につく鳥は鳶《トビ》だと思うがどこにでもいるから海の鳥とは言えないだろう。

次に多いのは神奈川県の鳥に指定されているカモメ類。でも実際に見られる鴎《カモメ》らしき鳥はたいてい海猫《ウミネコ》だ。白い体にグレイの翼、尾に黒い縞が入っているのが特徴で、岩や杭の上にたくさん並んでいる。皆、風上に頭を向けているのは後ろから風にあおられると困るからだろう。ミャウミャウと猫のように鳴くから海猫で、好物は海鼠《ナマコ》だと言う人がいたがあまり当てにならない。繁殖は全国に散在する営巣地で行い、青森県の蕪島などが有名だ。幼鳥は茶色の羽毛に包まれている。ウミカモメという種類は三浦半島には少なくてなかなか見られない。ウミネコと違って尾は全面が白く嘴は先まで黄色だ。都鳥とも呼ばれるユリカモメは冬鳥として滞在し、春には頭が黒くなった夏羽の個体も見られる。真っ赤な足が特徴的だ。私は以前、春の小網代干潟で大きな

ウミネコ

群れを見たことがある。

鷺《サギ》の類では城ヶ島などに全身煤けたように黒いクロサギがいて、磯や干潟で魚や蟹などをついばむ。南方には白色の個体もいて、シロクロサギというややこしい名がついている。

鴫《シギ》も海岸でよく見る鳥だ。イソシギ、ハマシギ、トウネン、など数種類が見られ、磯や干潟で餌を採っている。キョウジョシギは白い体に黒い帯が入り翼は橙色と派手な姿で遠くからでも見分けられる。名は京女のように美しいという意味だそうだ。シギは長距離を渡る種類が多く、旅の途中春と秋の一時期に見られることが多い。チドリ類も同様だ。

磯や崖に青紫で腹が赤いきれいな小鳥がいたらイソヒヨドリだ。さえずりも美しいけれど、たいてい潮騒に掻き消されてしまう。近頃は町の中にもやって来ることがある。

城ヶ島南岸の海鵜《ウミウ》の越冬地は観光名所にもなっていて晩秋から春先まで数百羽が冬を過ごす。繁殖地は北海道など北の地方だ。黒一色で顔が白いウミウと赤い顔のヒメウがいる。半島各地へ餌取りに出ていた鵜の鳥は日暮れの頃安全な越冬地の崖に帰ってくる。

早春を飾る木の花

69

三浦の春は何から始まるだろう。人それぞれに春の訪れを感じる指標を持っていると思うが、私にとっては2月末から3月のはじめにかけて咲くいくつかの木の花が春の使者だ。

例年、まず花を見せるのがオオバヤシャブシ。漢字で書けば「大葉夜叉五倍子」でハンノキに近い植物。高さ5～6mになる落葉樹で枝先一面に黄緑色の花の穂をつける。雄花はツクシの頭を大きくして逆さに下げたような感じで独特の臭いがある。雌花の穂は小さく枝の先のほうに付いていて先端が赤い。花が終わる頃若葉が伸び始め、雌花の穂は成長して楕円形の球果になる。花の近くに残っている球果は1年前の花からできたものだ。

続いてキブシの花。これも葉が伸びる前に多数の花をつける。その様子は枝に淡黄色のスズランをたくさん下げたようで、木の全体が早春の色に染まる。三浦半島のキブシは花の穂が長く「江ノ島木五倍子」または「八丈木五倍子」と呼ばれる。花をよく見ると雄しべが発達した雄花と雌しべが発達している雌花があって雌雄異株であることがわかる。雌花は丸い実になって黒く熟す。ちなみに木五倍子の名は、こ

キブシ

の実が五倍子《フシ》の代用品として染料に使われることからついた。葉が伸び終わる5月にはもう葉の付け根に翌年の蕾が見える。10か月も前から花の準備とはなんとも気の早い植物だ。

柴柳《シバヤナギ》もいい。やはり3月に黄緑色の花穂を出す。細い枝をたくさん伸ばすのでシバヤナギというのだろう。近頃あまり見ないけれど鷹取山の山頂広場では岩の間に生えている。雌雄異株で雌花は羽毛のついた種子を飛ばし柳絮《リュウジョ》と呼ばれる。

早春の木の花と言えば杉もその一つ。枝先に茶色の米粒のように集まっているのが雄花。季節到来を鼻の奥で確実に知らせてくれる。雌花は直径1㎝ほどの球果になる。私は20年以上前から花粉症で2月3月は悩みの季節だけれど年によってかなり状況が違う。発症の第一原因は、やはり各地の杉が成熟して以前よりずっと多くの花粉を飛ばすことだと思う。

このほか樹皮の材料になるミツマタ、マンサクやサンシュユの花も春のはじめを彩り、どれも黄色なのがおもしろい。黄色は春到来を表すシンボルカラーなのだろうか。

70 三浦半島に住む山椒魚

山椒魚《サンショウウオ》というと深山の渓流などに住むオオサンショウウオ（別名ハンザキ）をイメージされるかもしれない。山椒に似た体臭があるので名がついたが魚ではなく蛙やイモリと同じ両生類。体長1ｍにもなる日本の特産動物で天然記念物に指定されている。

サンショウウオには多くの種類があって三浦半島では各地でトウキョウサンショウウオを見ることができる。体長12㎝、寸詰まりのトカゲが水に入ったような姿で全体が黒褐色か黒灰色に近く、よく見るとなかなか愛嬌のある顔つきだ。イモリに似ているが腹は赤くない。

彼ら（彼女も）は林の中で湿った落ち葉の下を生活の場としている。両生類はウロコや羽毛を持たないから、皮膚が乾くと困るのだ。でもイモリのように水中で暮らしているわけではないから1年のうちで姿を見かけるのは僅かな期間、ほとんど早春の産卵期に限られてしまう。

3月、水がぬるみ始める頃サンショウウオは冬眠から覚めて水辺に集まってくる。夜がふける頃、山裾の湧き水や水田の用水路にやってきた数匹の雄が雌を巡って争い、勝った雄は雌に抱き付いて産卵を促す。卵が放出されると雄が素早く精液をかけて受精させ、卵塊は水を

トウキョウサンショウウオと卵塊

吸って膨らんでいく。小さな水場で、沈んだ小枝にクロワッサンの形をした半透明の物体が産み付けられていたらそれが完成した卵塊で、内部には数十個の黒い卵が入っている。1匹の雌が2個の卵塊を作り出すので一対になっていることが多い。

寒天質のケースに守られた卵は細胞分裂を繰り返しながら次第に形を変え、さかんに動き回るようになる。やがてケースを破って孵化すると小さな幼生が泳ぎ出していく。その形はオタマジャクシ（蛙の幼生）に似ているが、首に掌のような鰓《えら》がついている。外鰓《ガイサイ》と呼ばれるもので成長すると消え、その頃には肺と皮膚で呼吸するようになって、水中から陸上の湿地へと生活の場を移すことになる。本当にひっそりと隠れた生活だ。

宅地造成や水田の減少のために、この愛らしい貴重な動物が産卵や生活の場を次々に失っている。そんなことは我々の生活に関係ないと言うなかれ。サンショウウオの減少や絶滅は三浦半島の自然環境が人間の生存にとっても悪化し続けていることを示している。

2月から始まる蛙の結婚式

71

2月中旬の夜、温暖前線が通った後の雨上がり。葉山町の山裾に続く道を通り掛かったとき、車にはねられた蛙が何匹も死んでいるのを見た。道の反対側には水田があって、その夜は蛙たちの集団結婚集会が行なわれていたのだ。「車は急にとまれない」と言っても蛙たちにはわからないから、ひたすら会場へ急ぐ途中、哀れにも命を落としてしまったわけだ。

三浦半島に多いヤマアカガエルはいつもは林の下の湿った場所に住んでいるが、秋の終わりから冬眠し、早春の暖かい夜に目覚めて水田などの水場に集まってくる。雄はククックックッと小声で鳴き交わして雌を呼び、雌の背中に乗りかかって産卵を促す。雌が卵を放出すると雄がすかさず精子を出して受精させ、黒い塊だった卵のまわりの寒天質が水を吸って膨らむにつれて私たちが見慣れている卵塊の姿が出来上がる。それにしても今夜が結婚式だということを土の中にいてどうやって知るのだろう。季節の微妙な変化を土の湿り気や温もりで感じ取るのだろうか。人間にはわからないテレパシーのネットを持っているのだろうか。前年に産卵した場所は覚えているのだろうか。蛙たちに聞いてみたいものだ。

産卵を終えたヤマアカガエルはもう一度冬眠の続きに入り、本格的な春の到来を待って活動に入るという。他の種類ではどうだろうか。ガマと呼ばれる大型のヒキガエルの卵は寒天質の細長い紐の中に並んでいる。春早く冬眠から覚めた雄雌が集まって騒ぐ〝蛙合戦〟は三浦半島でも見ることができる。３月後半から水田にのどかな声を響かせるシュレーゲルアオガエルは４㎝くらいの鮮やかな緑色で、田の縁などに白い泡の塊を作り、その中に卵を産み込んでいる。ケロケロコロコロと聞こえる賑やかな合唱は童謡「銀の笛」のモデルになったと聞く。そして5月後半から合唱はグワッグワッグワッという雨蛙《アマガエル》の声に変わっていく。アマガエルは青蛙《アオガエル》よりひとまわり小さくて、両種とも指先に吸盤があり、産卵期以外は草の葉や木の上で生活している。

水田が減って蛙たちの繁殖の場も次第に失われていく。40年前までは我が家で聞こえた彼らの声も今はない。蛙たちの心和む合唱を聞きながら眠れる家に住めたら最高だけれど。

ヤマアカガエル

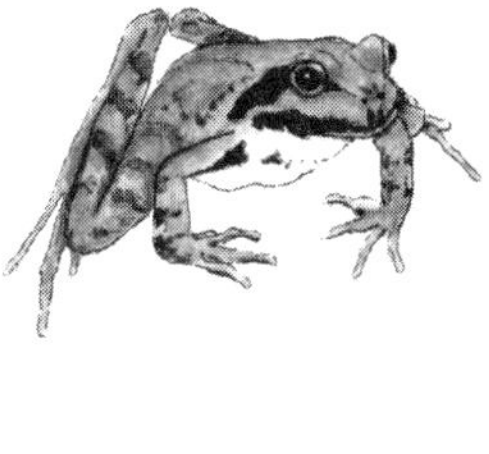

72 梅の香りに包まれて

「むめ一輪一輪ほどのあたたかさ　嵐雪」

今年も梅の季節になった。まだ冷たい空気の中で、梅の香りは近づく春への期待をいっそう膨らませてくれる。お宅のまわりではもう咲いているだろうか。

梅は古く中国から持ち込まれた植物だ。植物学上は桜、桃、梨、杏、枇杷などと同じでバラ科に属する。5枚の花弁と萼、多数の雄しべなどはノイバラと基本的な点で同一だから。学名は「Prunus mume」で、属名のプルヌスは桜の仲間であることを示し、種小名のムメは梅が「ムメ」と発音されていたことによる。冒頭の句もその一例だ。中国語では「メイ」。

三浦半島で梅の名所と言えば田浦梅林。ＪＲ田浦駅から徒歩約20分で入口に着く。梅の林までの階段がきついけれどその上はなだらかな丘で、咲き競う紅梅白梅の香りに包まれながら散策路を巡ることになる。いちばん奥には展望台があって横横道路や東京湾方面を一望できる。園地の先は林の中の道が横横道路をまたいで葉山の畠山方面へ続いている。見頃は年によって違い、だいたい2月中旬から3月はじめまで。行くなら確認したほうがよい。そのほか横須賀市自然博物館奥

ブンゴウメ

の公園でもたくさんの梅を見ることができる。

葉山町上山口には町指定の天然記念物、梅の古木がある。太い幹が臥竜のように横に伸びて小枝には今も白い花を咲かせている。古木の周辺や水源地下の川沿いにも梅が多い。

豊後梅《ブンゴウメ》は花が大きくピンク色で美しい。実も大きくて完熟すると黄色になり香りがよい。そのまま食べてもおいしくて梅と杏の雑種だと言われているのも納得できる。まだ虫が出てこない時期に確実に受粉し結実させてくれるのは花の蜜を求めてやってくるメジロやヒヨドリたちで、我が家で毎年楽しんでいる梅酒もメジロのおかげでできているようなものだ。

梅の句は多い。「梅白しまことに白く新しく　立子」「幹がちに枝がちに梅咲き出づる　涼志」「紅梅に薄紅梅の色重ね　虚子」「散りながら咲きながら梅日和かな　千鶴子」どれを見ても梅の特徴や雰囲気を的確に表現していいてすばらしいと思う。では私も、梅林見物のあと茶店で一杯やったときの句を。

「梅の香《か》に倦《う》めばこれより旨《うめ》え酒　青蛙」

73 早春はワカメの季節

三浦半島の天然ワカメは年末から大きくなり始めて早春以後に刈り取られる。解禁の後海岸に打ち上げられたのを拾っている人もいるが、集めたものを見ると同じような色のアラメやカジメだったりする。間違えないためにはワカメだけが持つ特徴を知ればよい。

ワカメの「葉状体」は中央に一本の筋が通っている。茎若布の〝茎〟だが、海藻は体全体で水や肥料分を吸収しているから、茎のように見えても陸上植物のように水などを運ぶ役はしていない。〝根〟も同様で体を岩に固定しているだけだ。海藻は花や種子を作らず胞子という微細な粒で殖える。ワカメの根元についている襞《ひだ》の部分（根株、雌株）が胞子を作り出す場所で、前記の茎と根株のどちらか片方でもついていればワカメに間違いない。養殖するときはロープに密生させるためか全体の形が天然物より細長く１ｍ以上になる。

イネでもアサガオでも、種子が発芽して生長すれば親とほぼ同じ形と大きさになるけれど、海藻の胞子が発芽しても親と同じ姿にはならないことが多い。

ワカメの場合、雌株の襞の表面に並んだ無数の胞子嚢（胞子が入っ

ワカメ

た袋）の口が開くと一袋20個ほどの胞子が押し合いながら放出される。その様子を顕微鏡で見ているとまさに新しい世界への旅という感じで感動的だ。

岩に付いて発芽した胞子は細胞分裂を繰り返して糸屑の集まりのような「糸状体」になる。と言っても長さ２〜３㎝でそれ以上大きくならない。糸状体には精子を作る雄株と卵細胞を作る雌株があり、時期が来ると精子が海中に泳ぎ出る。海底のどこかで運よく卵細胞に巡りあった精子は合体して受精卵を作り、そこから発芽成長した幼いワカメは１か月ほどで私たちが見る姿になる。つまり親と子は姿も大きさもまったく異なり、一代おきに同じ姿になるわけで、そのような現象を世代交代と呼び、クラゲなどの動物でも知られている。

ワカメも葉緑素を持っているので、熱して茶色の物質が失われてしまうと緑色が見えてくることはご存知のとおり。私も毎年ささやかに早春の海の幸を楽しんでいる。

あとがきに代えて

残したい三浦半島の自然環境

大昔から人が住んでいた三浦半島は農村漁村の時代を経て別荘地や陸海軍の基地になり、さらに都心に近い便利な住宅地、観光地に変わって現在の姿になった。私が葉山に住み始めた１９５６（昭和31）年当時、連なる水田にはメダカが群れ、磯では大きなウニ、冬は美味しいハバノリがたくさん採れた。そういう環境の中で過ごす時間はいつも私の気持ちを豊かに保ってくれた。当時の写真を見るとやはり「昔はよかった」と思う。

便利と効率と快適を追及し続けた末、半島の環境は年ごとに都会的になり、同時に昔から保たれてきた豊かな自然景観は悪化の一途をたどった。私の家の近くで40年程前までは鮮やかな色模様を織り上げていた春の花畑も今はわずかに残るだけだ。

自然環境が変わるのは開発促進のためばかりではない。実際に農作業や林の手入れをする人がいなくなれば、田畑は自然に消滅し山では倒木が放置される。後継者がいない状態で山や農地を持っていても意味がないし税金もかかるから、そのような場所が売られて住宅地になるのも無理はない。たいへんな労働の連続で維持されてきた田畑や山林のよさを何の手伝いもせずに楽しませてもらっている私のような者が、景観を守りたいと願っても無理なのかもしれない。とにかくこの問題の裏には国の農林業政策や税制などさまざまな事が絡んでいて、その辺から考え直さないと事態は変えられないと思う。都会的な快適便利よりも豊かな自然環境を大切にする住民が増えれば、政治政策に影響を与えることができるはずだが、現在、半島の市町民のあいだでそのようなコンセンサスが得られるかどうか。桜の花は見たいが落葉は嫌、蝶は気持悪い、蚊は許せない、蝉や蛙の声はうるさい、山林より道路が欲しい、と感じる人たちが多ければ、半島の自然環境は確実に劣化していくだろう。「昔はよかった」では済まない問題だ。

私が取り戻したいのは大規模な開発が始まる前（1970年頃）の自然環境で、当時の状態に戻せたらそれに伴う生活上の不便などは問題ではない。当時の便利さで十分だ。

園田幸朗

本書は、朝日新聞の朝刊折り込みの形で、神奈川県の湘南・三浦半島エリアのイベント、グルメから歴史まで幅広い情報を地元の人々に届けていた月刊タウン情報誌「朝日アベニュー」２００３年7月号から２００９年9月号に掲載された「野遊び あれこれ」（文・イラスト：園田幸朗）を基に、園田氏は２００９年11月に亡くなられましたが、生前に未発表の原稿も加えて編集したものです。

園田幸朗（そのだ・さちろう）
1933年、東京生れ。葉山小学校、関東学院中・高等学校、東京都立大学卒。鎌倉市立の中学校と香港日本人学校で理科教育に専念。県立教育センターでは教員研修を担当した。87年、自主退職し、三浦半島の自然を紹介するナチュラリスト活動を始める。三浦半島の自然観察会講師、鎌倉市教養センターでの植物画指導のかたわら、植物画の個展を開くなど、幅広く活動。著書に『野遊び図鑑』『磯遊び図鑑』（創森社）がある。2009年11月、逝去、享年76。

三浦半島フィールドノート

発行　二〇一〇年九月三十日 第一刷発行
　　　二〇一〇年十二月十五日 第二刷発行
著者　園田幸朗（文・イラスト）
発行者　礒貝日月
発行所　株式会社清水弘文堂書房
住所　《プチ・サロン》東京都目黒区大橋一-三-七-二〇七
電話番号　《受注専用》〇三-三七七〇-一九二二
FAX　《受注専用》〇三-三七七〇-一九二三
Eメール　mail@shimizukobundo.com
HP　http://shimizukobundo.com/
編集室　清水弘文堂書房葉山編集室
住所　神奈川県三浦郡葉山町堀内三一八
電話番号　〇四六-八〇四-二五一六
FAX　〇四六-八七五-八四〇一
印刷所　モリモト印刷株式会社

乱丁・落丁本はおとりかえいたします

 ISBN978-4-87950-598-9 C0045